U0276053

清华大学优秀博士学位论文丛书

可见光通信系统调制技术研究

王琪（Wang Qi）著

Research on Modulation Technology for Visible Light Communication Systems

清华大学出版社
北 京

内 容 简 介

本书以可见光通信系统中的调制技术为中心，结合可见光通信中存在的问题和应用需求，介绍了相应研究工作，包括可见光通信中传统光 OFDM 的性能优化方案，高频谱效率的分层 ACO-OFDM 调制方案，亮度可调的可见光通信调制技术和多光源可见光通信系统中的调制技术，接收机低复杂度的解映射算法。

本书适合高校和科研院所信息与通信工程等专业的师生以及通信领域的技术人员阅读参考。

图书在版编目（CIP）数据

可见光通信系统调制技术研究/王琪著.—北京：清华大学出版社，2021.3
(2021.10重印)
（清华大学优秀博士学位论文丛书）
ISBN 978-7-302-56278-8

Ⅰ. ①可…　Ⅱ. ①王…　Ⅲ. ①光通信系统-研究　Ⅳ. ①TN929.1

中国版本图书馆 CIP 数据核字(2020)第 152961 号

责任编辑：王　倩
封面设计：傅瑞学
责任校对：王淑云
责任印制：沈　露

出版发行：清华大学出版社
网　　址：http://www.tup.com.cn，http://www.wqbook.com
地　　址：北京清华大学学研大厦 A 座　　**邮　　编**：100084
社 总 机：010-62770175　　**邮　　购**：010-62786544
投稿与读者服务：010-62776969，c-service@tup.tsinghua.edu.cn
质量反馈：010-62772015，zhiliang@tup.tsinghua.edu.cn
印 装 者：三河市铭诚印务有限公司
经　　销：全国新华书店
开　　本：155mm×235mm　　**印　张**：10　　**字　　数**：159 千字
版　　次：2021 年 3 月第 1 版　　**印　　次**：2021 年 10 月第 2 次印刷
定　　价：89.00 元

产品编号：084575-01

一流博士生教育
体现一流大学人才培养的高度（代丛书序）[①]

人才培养是大学的根本任务。只有培养出一流人才的高校，才能够成为世界一流大学。本科教育是培养一流人才最重要的基础，是一流大学的底色，体现了学校的传统和特色。博士生教育是学历教育的最高层次，体现出一所大学人才培养的高度，代表着一个国家的人才培养水平。清华大学正在全面推进综合改革，深化教育教学改革，探索建立完善的博士生选拔培养机制，不断提升博士生培养质量。

学术精神的培养是博士生教育的根本

学术精神是大学精神的重要组成部分，是学者与学术群体在学术活动中坚守的价值准则。大学对学术精神的追求，反映了一所大学对学术的重视、对真理的热爱和对功利性目标的摒弃。博士生教育要培养有志于追求学术的人，其根本在于学术精神的培养。

无论古今中外，博士这一称号都和学问、学术紧密联系在一起，和知识探索密切相关。我国的博士一词起源于 2000 多年前的战国时期，是一种学官名。博士任职者负责保管文献档案、编撰著述，须知识渊博并负有传授学问的职责。东汉学者应劭在《汉官仪》中写道:“博者，通博古今；士者，辩于然否。”后来，人们逐渐把精通某种职业的专门人才称为博士。博士作为一种学位，最早产生于 12 世纪，最初它是加入教师行会的一种资格证书。19 世纪初，德国柏林大学成立，其哲学院取代了以往神学院在大学中的地位，在大学发展的历史上首次产生了由哲学院授予的哲学博士学位，并赋予了哲学博士深层次的教育内涵，即推崇学术自由、创造新知识。哲学博士的设立标志着现代博士生教育的开端，博士则被定义为独立从事

① 本文首发于《光明日报》，2017 年 12 月 5 日。

学术研究、具备创造新知识能力的人，是学术精神的传承者和光大者。

博士生学习期间是培养学术精神最重要的阶段。博士生需要接受严谨的学术训练，开展深入的学术研究，并通过发表学术论文、参与学术活动及博士论文答辩等环节，证明自身的学术能力。更重要的是，博士生要培养学术志趣，把对学术的热爱融入生命之中，把捍卫真理作为毕生的追求。博士生更要学会如何面对干扰和诱惑，远离功利，保持安静、从容的心态。学术精神，特别是其中所蕴含的科学理性精神、学术奉献精神，不仅对博士生未来的学术事业至关重要，对博士生一生的发展都大有裨益。

独创性和批判性思维是博士生最重要的素质

博士生需要具备很多素质，包括逻辑推理、言语表达、沟通协作等，但是最重要的素质是独创性和批判性思维。

学术重视传承，但更看重突破和创新。博士生作为学术事业的后备力量，要立志于追求独创性。独创意味着独立和创造，没有独立精神，往往很难产生创造性的成果。1929 年 6 月 3 日，在清华大学国学院导师王国维逝世二周年之际，国学院师生为纪念这位杰出的学者，募款修造"海宁王静安先生纪念碑"，同为国学院导师的陈寅恪先生撰写了碑铭，其中写道:"先生之著述，或有时而不章；先生之学说，或有时而可商；惟此独立之精神，自由之思想，历千万祀，与天壤而同久，共三光而永光。"这是对于一位学者的极高评价。中国著名的史学家、文学家司马迁所讲的"究天人之际，通古今之变，成一家之言"也是强调要在古今贯通中形成自己独立的见解，并努力达到新的高度。博士生应该以"独立之精神、自由之思想"来要求自己，不断创造新的学术成果。

诺贝尔物理学奖获得者杨振宁先生曾在 20 世纪 80 年代初对到访纽约州立大学石溪分校的 90 多名中国学生、学者提出:"独创性是科学工作者最重要的素质。"杨先生主张做研究的人一定要有独创的精神、独到的见解和独立研究的能力。在科技如此发达的今天，学术上的独创性变得越来越难，也愈加珍贵和重要。博士生要树立敢为天下先的志向，在独创性上下功夫，勇于挑战最前沿的科学问题。

批判性思维是一种遵循逻辑规则、不断质疑和反省的思维方式，具有批判性思维的人勇于挑战自己，敢于挑战权威。批判性思维的缺乏往往被认为是中国学生特有的弱项，也是我们在博士生培养方面存在的一个普遍问题。2001 年，美国卡内基基金会开展了一项“卡内基博士生教育创新计划”，针对博士生教育进行调研，并发布了研究报告。该报告指出：在美国和欧洲，培养学生保持批判而质疑的眼光看待自己、同行和导师的观点同样非常不容易，批判性思维的培养必须成为博士生培养项目的组成部分。

对于博士生而言，批判性思维的养成要从如何面对权威开始。为了鼓励学生质疑学术权威、挑战现有学术范式，培养学生的挑战精神和创新能力，清华大学在 2013 年发起“巅峰对话”，由学生自主邀请各学科领域具有国际影响力的学术大师与清华学生同台对话。该活动迄今已经举办了 21 期，先后邀请 17 位诺贝尔奖、3 位图灵奖、1 位菲尔兹奖获得者参与对话。诺贝尔化学奖得主巴里 · 夏普莱斯（Barry Sharpless）在 2013 年 11 月来清华参加“巅峰对话”时，对于清华学生的质疑精神印象深刻。他在接受媒体采访时谈道：“清华的学生无所畏惧，请原谅我的措辞，但他们真的很有胆量。”这是我听到的对清华学生的最高评价，博士生就应该具备这样的勇气和能力。培养批判性思维更难的一层是要有勇气不断否定自己，有一种不断超越自己的精神。爱因斯坦说：“在真理的认识方面，任何以权威自居的人，必将在上帝的嬉笑中垮台。”这句名言应该成为每一位从事学术研究的博士生的箴言。

提高博士生培养质量有赖于构建全方位的博士生教育体系

一流的博士生教育要有一流的教育理念，需要构建全方位的教育体系，把教育理念落实到博士生培养的各个环节中。

在博士生选拔方面，不能简单按考分录取，而是要侧重评价学术志趣和创新潜力。知识结构固然重要，但学术志趣和创新潜力更关键，考分不能完全反映学生的学术潜质。清华大学在经过多年试点探索的基础上，于 2016 年开始全面实行博士生招生“申请审核”制，从原来的按照考试分数招收博士生，转变为按科研创新能力、专业学术潜质招收，并给予院系、学科、导师更大的自主权。《清华大学“申请审核”制实施办法》明晰了导师和院系在考核、遴选和推荐上的权力和职责，同时确定了规范的流程及监管要求。

在博士生指导教师资格确认方面，不能论资排辈，要更看重教师的学术活力及研究工作的前沿性。博士生教育质量的提升关键在于教师，要让更多、更优秀的教师参与到博士生教育中来。清华大学从 2009 年开始探索将博士生导师评定权下放到各学位评定分委员会，允许评聘一部分优秀副教授担任博士生导师。近年来，学校在推进教师人事制度改革过程中，明确教研系列助理教授可以独立指导博士生，让富有创造活力的青年教师指导优秀的青年学生，师生相互促进、共同成长。

在促进博士生交流方面，要努力突破学科领域的界限，注重搭建跨学科的平台。跨学科交流是激发博士生学术创造力的重要途径，博士生要努力提升在交叉学科领域开展科研工作的能力。清华大学于 2014 年创办了“微沙龙”平台，同学们可以通过微信平台随时发布学术话题，寻觅学术伙伴。3 年来，博士生参与和发起“微沙龙”12 000 多场，参与博士生达 38 000 多人次。“微沙龙”促进了不同学科学生之间的思想碰撞，激发了同学们的学术志趣。清华于 2002 年创办了博士生论坛，论坛由同学自己组织，师生共同参与。博士生论坛持续举办了 500 期，开展了 18 000 多场学术报告，切实起到了师生互动、教学相长、学科交融、促进交流的作用。学校积极资助博士生到世界一流大学开展交流与合作研究，超过 60% 的博士生有海外访学经历。清华于 2011 年设立了发展中国家博士生项目，鼓励学生到发展中国家亲身体验和调研，在全球化背景下研究发展中国家的各类问题。

在博士学位评定方面，权力要进一步下放，学术判断应该由各领域的学者来负责。院系二级学术单位应该在评定博士论文水平上拥有更多的权力，也应担负更多的责任。清华大学从 2015 年开始把学位论文的评审职责授权给各学位评定分委员会，学位论文质量和学位评审过程主要由各学位分委员会进行把关，校学位委员会负责学位管理整体工作，负责制度建设和争议事项处理。

全面提高人才培养能力是建设世界一流大学的核心。博士生培养质量的提升是大学办学质量提升的重要标志。我们要高度重视、充分发挥博士生教育的战略性、引领性作用，面向世界、勇于进取，树立自信、保持特色，不断推动一流大学的人才培养迈向新的高度。

邱勇

清华大学校长

2017 年 12 月 5 日

丛书序二

以学术型人才培养为主的博士生教育，肩负着培养具有国际竞争力的高层次学术创新人才的重任，是国家发展战略的重要组成部分，是清华大学人才培养的重中之重。

作为首批设立研究生院的高校，清华大学自 20 世纪 80 年代初开始，立足国家和社会需要，结合校内实际情况，不断推动博士生教育改革。为了提供适宜博士生成长的学术环境，我校一方面不断地营造浓厚的学术氛围，一方面大力推动培养模式创新探索。我校从多年前就已开始运行一系列博士生培养专项基金和特色项目，激励博士生潜心学术、锐意创新，拓宽博士生的国际视野，倡导跨学科研究与交流，不断提升博士生培养质量。

博士生是最具创造力的学术研究新生力量，思维活跃，求真求实。他们在导师的指导下进入本领域研究前沿，吸取本领域最新的研究成果，拓宽人类的认知边界，不断取得创新性成果。这套优秀博士学位论文丛书，不仅是我校博士生研究工作前沿成果的体现，也是我校博士生学术精神传承和光大的体现。

这套丛书的每一篇论文均来自学校新近每年评选的校级优秀博士学位论文。为了鼓励创新，激励优秀的博士生脱颖而出，同时激励导师悉心指导，我校评选校级优秀博士学位论文已有 20 多年。评选出的优秀博士学位论文代表了我校各学科最优秀的博士学位论文的水平。为了传播优秀的博士学位论文成果，更好地推动学术交流与学科建设，促进博士生未来发展和成长，清华大学研究生院与清华大学出版社合作出版这些优秀的博士学位论文。

感谢清华大学出版社，悉心地为每位作者提供专业、细致的写作和出版指导，使这些博士论文以专著方式呈现在读者面前，促进了这些最新的优秀研究成果的快速广泛传播。相信本套丛书的出版可以为国内外各相关领域或交叉领域的在读研究生和科研人员提供有益的参考，为相关学科领域的发展和优秀科研成果的转化起到积极的推动作用。

感谢丛书作者的导师们。这些优秀的博士学位论文，从选题、研究到成文，离不开导师的精心指导。我校优秀的师生导学传统，成就了一项项优秀的研究成果，成就了一大批青年学者，也成就了清华的学术研究。感谢导师们为每篇论文精心撰写序言，帮助读者更好地理解论文。

感谢丛书的作者们。他们优秀的学术成果，连同鲜活的思想、创新的精神、严谨的学风，都为致力于学术研究的后来者树立了榜样。他们本着精益求精的精神，对论文进行了细致的修改完善，使之在具备科学性、前沿性的同时，更具系统性和可读性。

这套丛书涵盖清华众多学科，从论文的选题能够感受到作者们积极参与国家重大战略、社会发展问题、新兴产业创新等的研究热情，能够感受到作者们的国际视野和人文情怀。相信这些年轻作者们勇于承担学术创新重任的社会责任感能够感染和带动越来越多的博士生，将论文书写在祖国的大地上。

祝愿丛书的作者们、读者们和所有从事学术研究的同行们在未来的道路上坚持梦想，百折不挠！在服务国家、奉献社会和造福人类的事业中不断创新，做新时代的引领者。

相信每一位读者在阅读这一本本学术著作的时候，在吸取学术创新成果、享受学术之美的同时，能够将其中所蕴含的科学理性精神和学术奉献精神传播和发扬出去。

清华大学研究生院院长

2018 年 1 月 5 日

导师序言

近年来随着智能终端的高度普及和移动数据流量的大幅增长，通信频谱资源日渐紧张，亟待开拓新频段缓解此问题。可见光频段具有丰富的非授权频谱资源，且目前在照明和显示方面应用广泛的 LED 能够作为可见光信号的发射器，因此可见光通信逐渐受到学术界和工业界的关注。除了上述优势外，可见光信号无法穿透墙壁等障碍物，因而具有高信息私密性；另外，可见光通信不会产生电磁干扰，因而在医院和矿井等电磁敏感的场景下具有得天独厚的优势。最后，可见光通信可以利用已有的照明用 LED 设施进行通信，接入成本低；且 LED 可同时进行照明和通信，节能环保。综上，可见光通信将在未来移动通信中扮演重要角色，具有广阔的应用前景。

为了实现高速可靠的可见光通信链路，需要解决如下几个问题：首先，可见光通信路径损耗大，且依赖直射径，导致覆盖范围小，应降低可见光通信系统接收门限，提升系统误码性能，扩大信号覆盖范围；再者，可见光通信可用带宽受限于收发机所用光学器件，需提出高频谱效率的调制方法；另外，在实际应用中，可见光通信系统应兼容 LED 照明功能，且确保收发端低运算复杂度。针对上述问题，本书从以下五个方面展开研究：

(1) 由于不同的 DCO-OFDM 符号对应的信号统计分布不同，采用固定的缩放因子和直流偏置无法充分利用 LED 的线性范围。为解决这一问题，本书根据不同 DCO-OFDM 符号对应信号的统计分布，自适应地调整缩放因子和偏置系数，更加充分地利用 LED 的线性工作区，提升系统接收性能；此外，对于 HACO-OFDM 系统，本书提出一种迭代接收机结构，在时域通过迭代逐渐消除噪声和信号间干扰对信号质量的影响，改善接收性能。以上两种算法的提出有效降低了可见光通信系统接收门限，为长距离、高质量可见光链路的实现提供了理论基础。

(2) 本书提出了分层 ACO-OFDM 调制方案，将子载波分为若干层，每一层均使用 ACO-OFDM 调制，同时传输信息。分层 ACO-OFDM 相对传统 ACO-OFDM 有效提升了频谱效率，并保证 ACO-OFDM 的高能量效率优势。本书还进一步提出了分层 ACO-OFDM 的改进接收机设计，借助 ACO-OFDM 时域信号的反对称特性，降低噪声影响，提升接收性能。分层 ACO-OFDM 方案的提出获得了学术界的普遍关注，实现了高频效、低能耗的可见光信号传输，克服了可见光发射端器件带宽和功率受限的问题，有力地推动了可见光通信商业化。

(3) 在 LED 照明亮度发生变化时，传统光 OFDM 无法充分利用 LED 的线性工作区，从而会产生性能损失。为解决这一问题，本书将 ACO-OFDM 和 PAM-DMT 信号巧妙叠加，提出非对称混合光 OFDM 方案，在很大的亮度范围内实现高质量通信，并能在低照明亮度下相比现有方法获得可观的频谱效率增益。非对称混合光 OFDM 能够在进行可靠通信的同时支持照明亮度的大范围变化，实现了 LED 照明设施和可见光通信系统的高效协作和有机融合。

(4) 本书对多光源可见光通信调制技术进行研究。针对 RGB 型白光 LED 作为发射机，红、绿、蓝三色支路信号置信度不同的问题，为采用 RGB 型白光 LED 的通信系统提出一种接收端预失真方法，在预失真模块中对不同置信度信号予以不同权重，以获得系统性能增益；此外，在高传输带宽下，多灯多用户可见光 MIMO 系统中不同长度链路对应的传输延时差异会导致频域不同子载波相位差异，且不可忽略。针对此问题，为多用户 MIMO-OFDM 系统提出预编码方案，提升系统性能。以上两种算法从信号收发端预处理出发，为实际多光源、多用户场景下可见光网络的物理层搭建提供了可行的方案。

(5) 本书提出基于 APSK 的可见光通信系统，并加入信道编码以确保实际系统中光信号的可靠传输。APSK 调制可以提供可观的成型增益，当使用软判决译码时，相较于传统 QAM 调制能够获得性能增益。进一步，针对传统解映射算法复杂度过高的问题，本书考虑使用格雷星座点映射，利用其对称和可分解的结构特点，提出一种低复杂度解映射算法，在降低复杂度的同时保证了系统接收性能。以上研究为可见光通信实际编码调制系统的搭建提供了有力参考，有望通过低复杂度译码缓解高速通信系统中译码高延时的瓶颈问题，进而推动可见光通信商业化进程。

王昭诚
清华大学电子工程系
2020 年 6 月

摘 要

近年来，随着发光二极管 (LED) 在室内外照明和显示中的广泛应用，基于 LED 的可见光通信作为一种高效节能的通信技术，受到学术界和工业界的关注。可见光通信通常采用强度调制直接检测的方式以降低实现复杂度，导致传统射频通信中的调制技术无法直接应用于可见光通信。为保证可见光通信的高速可靠传输，需要降低可见光通信系统的接收门限，提高调制的频谱效率，兼容 LED 的照明功能，同时保证实现的低复杂度。本书以可见光通信系统调制技术为中心，针对上述四方面问题展开研究。

首先，针对降低接收门限的需求，提出可见光通信中传统光正交频分复用 (OFDM) 调制的性能优化算法。对于采用直流偏置光正交频分复用 (DCO-OFDM) 的可见光通信系统，提出自适应光 OFDM 方案，对不同信号采用不同的缩放和偏置系数，更加充分地利用 LED 的线性范围。针对混合非对称限幅光正交频分复用 (HACO-OFDM) 调制，提出一种迭代接收机结构，在时域对非对称限幅光正交频分复用 (ACO-OFDM) 和脉冲幅度调制–离散多音频调制 (PAM-DMT) 信号进行分离，并利用其信号时域的对称性，消除噪声和信号间干扰，从而提高系统的接收性能。

其次，针对高频谱效率的需求，提出一种分层 ACO-OFDM 调制方案，将子载波分成若干层，分别采用 ACO-OFDM 进行调制后同时发送，在接收端利用每层 ACO-OFDM 信号的时域对称性降低噪声和各层信号间的干扰。相比传统 ACO-OFDM 和分层 ACO-OFDM 可以使用更多的子载波，提高了系统的频谱效率。同时，由于每层均为非负的 ACO-OFDM 信号，避免了使用直流偏置来保证信号的非负性，具有较高的功率效率。

再次，针对兼容照明的需求，提出两种非对称混合光 OFDM 调制方案，可以在照明亮度变化时充分利用 LED 的动态范围，从而兼容不同照明亮度下的通信。对于多光源可见光通信系统，提出接收端预失真算法和多用户多输入多输出–正交频分复用 (MIMO-OFDM) 发射端预编码方案。

最后，针对低复杂度实现的需求，提出基于振幅移相键控 (APSK) 的可见光通信编码调制系统和接收端低复杂度解映射算法。利用格雷星座映射的对称和可分解结构，通过快速搜索解调所需星座点，避免了计算所有星座符号对应的欧氏距离平方，从而在保证接收性能的前提下，有效降低了接收机的实现复杂度。

关键词：可见光通信；调制技术；正交频分复用；发光二极管

Abstract

In recent years, with the widely deployment of light emitting diode (LED) in indoor and outdoor lighting and display applications, LED-based visible light communication, as an energy-efficient communication technology, has gained increasing attention from both academic and industry. In visible light communication, intensity modulation with direct detection is usually utilized to reduce the implementation complexity. Thus, the conventional modulation techniques for radio frequency communication can not be applied directly to visible light communication. In order to ensure reliable high-speed transmission, visible light communication systems should have low reception threshold, high spectral efficiency, lighting compatibility, and low implementation complexity. In this book, focusing on modulation technology for visible light communication systems, the aforementioned four issues are investigated.

Firstly, to reduce the reception threshold, two performance optimization algorithms are proposed for conventional optical orthogonal frequency division multiplexing (OFDM) modulation schemes used in visible light communication. For direct-current-biased optical orthogonal frequency division multiplexing (DCO-OFDM) based visible light communication system, an adaptive optical OFDM scheme is proposed, which uses different scaling and biasing coefficients for different OFDM signals, so that the dynamic range of LED can be fully employed. For HACO-OFDM modulation, an iterative receiver is proposed, which distinguishes the asymmetrically clipped optical orthogonal frequency division multiplexing (ACO-OFDM) and pulse-amplitude-modulated discrete multitone (PAM-DMT) modulation signals in the time domain, and uses the symmetry of their time-domain signals to eliminate noise and interference, thereby improving the system reception performance.

Secondly, to improve the spectral efficiency, a layered ACO-OFDM modulation scheme is proposed, where subcarriers are divided into several layers and modulated by ACO-OFDM for simultaneous transmission. At the receiver, different layers of ACO-OFDM signals are separated and their time-domain symmetries are utilized to reduce noise and inter-layer interference. Compared to the conventional ACO-OFDM, layered ACO-OFDM can use more subcarriers so that higher spectral efficiency can be achieved. Meanwhile, since the signal on each layer is non-negative, DC bias is not required to obtain non-negative signals, leading to high power efficiency.

Thirdly, for the demand of lighting compatibility, two asymmetric hybrid optical OFDM modulation schemes are proposed, which can take advantage of the dynamic range of LEDs thoroughly when the brightness of illumination changes, enabling communications under a wider illumination range. For multiple-LED visible light communication system, a predistortion algorithm for the receiver as well as a precoding scheme for the multiuser multiple-input multiple-output orthogonal frequency division multiplexing (MIMO-OFDM) system are proposed.

Finally, in order to maintain the low-complexity implementation, a coded modulation visible light communication system based on amplitude phase shift keying (APSK) constellation is proposed combined with a universal low-complexity soft demapper. By exploiting the symmetrical and decomposable structure of Gray constellation mapping, the desired constellation point can be searched without calculating the squared Euclidean distances for all constellation points, thus reducing the complexity of the receiver, while the reception performance is maintained.

Key words: visible light communication; modulation technology; orthogonal frequency division multiplexing; light emitting diode

主要符号对照表

ACO-OFDM	非对称限幅光正交频分复用 (asymmetrically clipped optical orthogonal frequency division multiplexing)
APD	雪崩光电二极管 (avalanche photodiode)
APSK	振幅移相键控 (amplitude phase shift keying)
AWGN	加性高斯白噪声 (additive white Gaussian noise)
BER	误比特率 (bit error rate)
CCDF	互补累计分布函数 (complementary cumulative distribution function)
CP	循环前缀 (cyclic prefix)
CSK	色移键控 (color shift keying)
DCO-OFDM	直流偏置光正交频分复用 (direct-current-biased optical orthogonal frequency division multiplexing)
DMT	离散多音频 (discrete multitone)
DPC	脏纸编码 (dirty paper coding)
DPPM	差分脉冲位置调制 (differential pulse position modulation)
FFT	快速傅里叶变换 (fast Fourier transform)
IEEE	电气和电子工程师协会 (Institute of Electrical and Electronics Engineers)
IFFT	快速傅里叶逆变换 (inverse fast Fourier transform)
LDPC	低密度奇偶校验 (low-density parity-check)
LED	发光二极管 (light emitting diode)
LLR	对数似然比 (log-likelihood ratio)
Log-MAP	对数域最大后验概率 (maximum a posteriori probability based in log-domain)
MIMO	多输入多输出 (multiple-input multiple-output)

ML	最大似然 (maximum likelihood)
MMSE	最小均方误差 (minimum mean square error)
MPPM	多脉冲位置调制 (multipulse pulse position modulation)
OFDM	正交频分复用 (orthogonal frequency division multiplexing)
OLED	有机光电二极管 (organic light emitting diode)
OOK	开关键控 (on-off keying)
OPPM	重叠脉冲位置调制 (overlapping pulse position modulation)
OSM	光空间调制 (optical spatial modulation)
OSSK	光空移键控 (optical space shift keying)
PAM	脉冲幅度调制 (pulse amplitude modulation)
PAM-DMT	脉冲幅度调制-离散多音频 (pulse-amplitude-modulated discrete multitone)
PAPR	峰值平均功率比 (peak to average power ratio)
PDF	概率密度函数 (probability density function)
PMF	概率质量函数 (probability mass function)
PSK	相移键控 (phase shift keying)
PWM	脉冲宽度调制 (pulse width modulation)
QAM	正交幅度调制 (quadrature amplitude modulation)
SINR	信干噪比 (signal-to-interference-plus-noise ratio)
SNR	信噪比 (signal-to-noise ratio)
U-OFDM	单极性正交频分复用 (unipolar orthogonal frequency division multiplexing)
VLC	可见光通信 (visible light communication)
VLCC	可见光通信联盟 (Visible Light Communications Consortium)
VPPM	可变脉冲位置调制 (variable pulse position modulation)
ZF	迫零 (zero forcing)

目 录

第1章 引 言

近年来，随着移动互联网的快速发展，移动数据流量高速增长。根据思科公司在 2016 年 2 月发布的报告，全球移动数据流量在 2006—2015 年增长了 4000 倍，并认为 2016—2020 年的年复合增长率仍可高达 53% [1]。射频通信频谱资源紧张的问题日益突出，已难以满足持续发展的移动通信业务需求，因此急需拓展新的频段。可见光具有极为丰富的频谱资源，同时发光二极管（light emitting diode，LED）作为一种高效节能的照明光源正逐步应用于室内外照明中，因此基于 LED 的可见光通信受到学术界和产业界的广泛关注，被认为是未来移动通信的一种有力补充 [2]。

本章将首先介绍选题背景，概述可见光通信的发展历史及现状，并介绍其主要特点和应用前景；接着将介绍调制技术在可见光通信中扮演的重要角色，并阐述现有的可见光通信调制技术；基于此，再介绍本书的研究内容以及工作贡献；最后，给出本书的内容安排。

1.1 可见光通信发展概述

可见光通信是一种利用可见光频段的光直接在空气中传输信息的通信方式 [3]。与 WiFi 等射频通信相比，可见光通信具有独特的优势。首先，可见光频谱资源极为丰富，可见光的波长范围为 380~780 nm，对应的带宽超过 300 THz，而且不需要频谱许可，为大容量通信提供了可能 [4]；其次，由于可见光不能穿透墙壁等障碍物，可以从物理上隔绝监听，保障了通信的安全性和私密性；另外，可见光通信利用灯光进行信息传输，不需要架设射频基站，在医院、矿井和民航机舱等对电磁敏感的环境中具有独特的优势和广阔的应用前景；最后，可见光通信利用密集覆盖的 LED 照明设施，在照明的同时实现通信的功能，具有节能环保的优点[5]。

可见光通信的研究可以追溯到1880年，当时电话的发明者Bell进行了可见光通信的实验。他利用声音振动造成金属片反射的太阳光发生强弱变化，使话音调制在光强上，实现了距离长达213 m的光电话[6]。随后，麻省理工学院的Buffaloe等人[7]和Jackson等人[8]利用荧光灯尝试了低速可见光通信。然而，可见光通信的传输速率却受到荧光灯和白炽灯开关切换速度的限制，从而阻碍了其发展和应用。近年来，随着LED照明技术在全球的大规模应用推广，基于LED的可见光通信迅速成为研发热点。与传统的荧光灯和白炽灯相比，LED具有更高的电光转化效率、可靠性和更长的使用寿命，同时，LED具有更快的开关切换速度，也更适合用于可见光通信，因此基于LED的可见光通信逐渐发展起来[9]。1998年，香港大学Pang等人率先开展了可见光LED通信和定位的研究工作[10–12]。2000年起，日本庆应义塾大学的Nakagawa等人也开始从事基于室内照明灯和室外交通灯的可见光通信研究，并提出利用LED在照明的同时提供室内网络接入的概念[13–15]。2003年，Komine和Nakagawa提出将可见光通信与电力线通信融合的系统，为探究可见光通信的信息来源提供了一种解决思路[16]。随后，他们在白光LED可见光通信的信道模型、调制方式和系统性能优化等方面开展了研究[17–20]。2003年，他们与日本和韩国的多家公司，包括NTT DoCoMo、三星、NEC、松下电气及夏普等合作成立了可见光通信联盟（Visible Light Communications Consortium，VLCC），用于推进基于LED的可见光通信技术研究和应用[21]。

2008年，欧盟启动了由法国、德国、英国和意大利等多国参与的家庭千兆接入项目(OMEGA)，并提出利用可见光通信实现千兆无线接入服务[22,23]。在OMEGA研究计划支持下，欧洲的科学家进行了一系列高速传输实验。2008年，德国海因里希·赫兹研究所的Grubor从理论上分析了采用白光LED进行室内可见光通信的性能，得出通信速率在一个5 m×5 m×3 m的房间内可达100 Mb/s以上的结论[24]。2009年，英国牛津大学的O'Brien研究组与韩国三星公司合作，使用白光LED作为发射机，PIN型光电二极管作为接收机，并采用开光键控（on-off keying, OOK）调制，实现了距离0.1 m、数据率100 Mb/s的可见光传输[25,26]。同年，德国海因里希·赫兹研究所的Vučić与西门子公司合作，在同样的条件下实现了距离 5 m、数据率 125 Mb/s 的可见光传输 [27]，并在 2010 年利用雪崩光电二极管（avalanche photodiode，APD）作为接收机，将传输速率提高到 230 Mb/s [28]，并进一步使用离散多音频（discrete multitone，DMT）调制实现了距离 0.3 m、传输速率 513 Mb/s 的可见光通信 [29]。2012 年，意大利比萨圣安娜大学 Khalid 等人利用 DMT 调制将可见光通信的传输速率进一步提高到了 1 Gb/s，然而传输距离只有 0.1 m [30]。同年，他们使用 RGB 型白光 LED，通过红、绿、蓝三路 LED 信号并行传输实现了 3.4 Gb/s 的传输速率 [31]。英国爱丁堡大学的 Haas 则致力于基于可见光通信的网络研究，并提出光保真（light fidelity，Li-Fi）的概念 [32]。他于 2011 年在技术、娱乐、设计（Technology, Entertainment, Design，TED）大会上展示了基于可见光通信的实时高清视频传输，同年美国《时代》杂志将 Li-Fi 评为“最棒的 50 项发明”之一 [33]。2012 年，英国爱丁堡大学、剑桥大学及牛津大学等高校联合启动了“超并行可见光通信项目”，获得了英国工程和自然科学研究委员会的资助。在该项目的资助下，研究人员利用单个 LED 灯成功实现了 3 Gb/s 的数据通信 [34]，并试验了多个 LED 灯的并行传输 [35]。2015 年，他们利用激光二极管实现了超过 100 Gb/s 的传输 [36–38]。在欧洲启动可见光通信研究的同时，美国自然科学基金会也于 2008 年资助伦斯勒理工学院和波士顿大学等高校成立了智能照明中心以开展可见光通信的研究，又在 2012 年资助宾夕法尼亚州立大学和佐治亚理工学院成立了无线光通信应用中心。

在技术研究的基础上，可见光通信的标准化和产业化也逐步推进。根据市场调查公司 Transparency Market Research 的数据，预计 2022 年全球可见光通信的市场规模将达到 1133 亿美元 [39]。2007 年，日本可见光通信联盟率先发布了两个可见光通信标准，即 JEITA：CP-1221 和 JEITA：CP-1222。2011 年，美国电气和电子工程师协会（Institute of Electrical and Electronics Engineers，IEEE）发布了基于可见光的短距离无线光通信标准 IEEE 802.15.7 [40,41]，支持最高 96 Mb/s 的数据传输速率，并于 2015 年启动了新一代标准的制订。从 2013 年起，瑞士苏黎世联邦理工学院和美国迪士尼研究所研究了基于可见光通信的无线网络在玩具行业的应用，并在硬件上实现了相应的功能 [42–45]。英国和美国也相继成立了 pureLiFi、VLNComm、LVX Minnesota 和 Axrtek 等提供可见光通信解决方案的公司。其中，美国 Axrtek 公司在 2014 年发布了双向可见光通信产品 MOMO，可支持 7.6 m 范围内 300 Mb/s 的通信 [46]。2015 年，飞利浦公司与法国家乐福合作，利用可见光通信为智能手机提供室内精确定位服务，协助顾客更加方便地查找商品。

在国内，可见光通信研究也受到了科技部的重视。2013 年，清华大学牵头承担了国家 973 计划项目“宽光谱信号无线传输理论与方法研究”，笔者所在的宽带通信与信号处理实验室承担了其中的子课题“宽光谱高可靠传输方法与逼近容量限的通信理论研究”，解放军信息工程大学牵头承担了国家 863 计划项目“可见光通信系统关键技术研究”，从理论和实践方面对可见光通信进行研究，为可见光通信的产业化奠定基础。与传统的射频无线通信系统相比，可见光通信系统在信道特性和传输机理等方面存在着巨大的差异，针对传统通信设计的调制技术在可见光通信中应用时其性能会显著退化，甚至无法可靠工作。因此，研究可见光通信系统中的调制技术具有重要的理论意义和应用价值。本书的研究工作正是在这样的背景下展开的。

1.2 可见光通信调制技术

受器件和成本的制约，可见光通信通常采用强度调制直接检测（intensity modulation with direct detection，IM/DD）[47]，这与传统射频通信有很大的区别。发送信号被调制在光的强度上，因此信号的幅度与光强成正比；在接收端，光电转换器将光信号转换为电信号，电信号的幅度与接收的光强成正比。另外，在可见光通信中需要考虑调制技术与目前照明功能的兼容，这也给调制方式的设计带来了挑战。本节将对目前可见光通信中常用的调制技术进行梳理和分类介绍。

1.2.1 单载波调制

单载波调制是在可见光通信中最早使用的调制方式，它们大多数在早期的红外通信中已被使用 [48]，主要包括 OOK 调制和脉冲调制等。

（1）OOK 调制是可见光通信中最简单的一种调制方式。在 OOK 调制中，比特 1 和比特 0 分别由 LED 的开和关来表示，由于实现简单，早期的可见光通信中大量采用了这种调制方式[26,49,50]。随后，研究者们对 OOK 调制的可见光通信系统进行了一系列的扩展和性能优化。2012 年，日本 Fujimoto 和 Mochizuki 利用双二进制编码和均衡技术，使 OOK 调制的可见光通信速率由 477 Mb/s 提高到 614 Mb/s[51]。Zhang 等人利用微 LED 阵列和非归零 OOK 调制，实现了单路 375 Mb/s 和累计 1.5 Gb/s 的传输速率[52]，2014 年，中科院半导体所 Li 等人利用后均衡技术，实现了 340 Mb/s 的传输速率[53]。英国 Ghassemlooy 等人则试验了基于有机 LED（organic light emitting diode，OLED）的可见光通信，并实现了 2.2 Mb/s 的传输速率[54]。可见光通信标准 IEEE 802.15.7 也支持 OOK 调制，并通过改变 OOK 中开的强度或者加入空的补偿时间来调节照明的亮度，从而保证在照明亮度变化时的可见光通信[40]。然而，OOK 调制的频谱效率较低，因此一些新的调制方式被应用到可见光通信中。

（2）脉冲幅度调制（pulse amplitude modulation，PAM）也是一种非常简单的调制方式，用以提高系统的频谱效率。它将多个比特映射到一个符号上，并对应一个发光强度。但是，PAM 信号对 LED 的非线性比较敏感，同时也会影响 LED 的发光质量[55]。在接收端，需要采用判决反馈均衡器等方式来消除非线性的影响[56]。另外，文献 [57] 和文献 [58] 也提出了利用多个 LED 同时开关来组合出 PAM 信号的方法，由于每个 LED 都只使用开和关两种电平，避免了 LED 非线性的影响。

（3）脉冲位置调制（pulse position modulation，PPM）是将一个符号周期等分成 t 个时隙，每次选择一个时隙发送脉冲信号，利用脉冲的位置来传输符号的调制方式。由于实现起来比较简单，因此 PPM 在早期的可见光通信中也被广泛使用[59]。然而，由于 PPM 在每个符号周期内只有一个时隙被使用，只能够传输 $\log_2(t)$bit，频谱效率依然不高，因此很多基于 PPM 的改进调制方式被提出。Lee 和 Schroeder 提出了重叠脉冲位置调制（overlapping pulse position modulation，OPPM）的改进方式，对于每个符号采用超过一个脉冲进行发送，不同的符号所用的脉冲可以重合，因此占用更小的带宽[60]，随后 Patarasen 和 Georghiodes 研究了 OPPM 中的帧同步问题[61]。OPPM 也可以用于亮度可变的可见光通信，通过改变每个脉冲的强度来改变平均的发光亮度，可以避免闪烁对照明性能的影响[62]。在文献 [63] 中，Sugiyama 和 Nosu 提出了多脉冲位置调制（multipulse

pulse position modulation，MPPM），在一个符号周期内可以同时发送多个脉冲，从而提高频谱效率。Shiu 和 Kahn 则提出了差分脉冲位置调制（differential pulse position modulation，DPPM）的概念，当 PPM 符号周期内脉冲出现后，立即开始新的符号周期，从而节省了冗余的时间，提高了系统的频谱效率 [64]，而 Zwillinge 也从理论上证明了在带宽和平均功率受限的信道下，DPPM 相比 PPM 具有更高的吞吐率 [65]。上述调制方式也被结合起来进一步提高系统的性能。例如，文献 [66] 提出了重叠多脉冲位置调制（overlapping multipulse pulse position modulation，OMPPM），在一个符号周期内，不仅多个脉冲符号被使用，而且它们还可以重叠，相比 MPPM 具有更高的频谱效率 [67,68]，Ohtsuki 等人也分析了网格编码的 OMPPM 在光信道下的性能 [69]。差分和重叠两种操作也可以进行结合，得到差分重叠脉冲位置调制（differential overlapping pulse position modulation，DOPPM），相比 PPM，DPPM 及 OPPM 具有更高的频谱效率 [70]。删除脉冲位置调制（expurgated pulse position modulation，EPPM）通过删除 MPPM 的符号集中的部分符号，来最大化符号间距 [71]。当用于亮度可调的可见光通信时，可以通过改变每个符号的脉冲数以及符号的长度来调节平均亮度 [72,73]。多阶删除脉冲位置调制（multi-level expurgated pulse position modulation，MEPPM）则将 EPPM 中每个脉冲的幅度扩展为多阶，从而可以传输额外的信息，提高了频谱效率，同时也可以通过调节脉冲的幅度来调节平均亮度，用于支持照明亮度的调整 [74]。可见光通信标准 IEEE 802.15.7 也提供了一种可变脉冲位置调制（variable pulse position modulation，VPPM），在 VPPM 中，PPM 信号与脉冲宽度调制（pulse width modulation，PWM）相结合，通过改变脉冲的宽度以支持亮度可变的可见光通信 [40]。

（4）光空间调制（optical spatial modulation，OSM）利用空域来传输信息，是射频通信中空间调制的一种扩展 [75–77]。在 OSM 中，每个时刻 N_t 个 LED 单元中只有一个被激活用来传递信息，因此空间本身携带了 $\log_2(N_t)$bit 的信息。在激活的 LED 上可以采用 PAM 等调制方式，进一步传输更多的比特。当信道的相关性较强时，光空间调制相比传统的多输入多输出（multiple-input multiple-output，MIMO）可见光通信系统具有更优的性能 [78]。光空移键控（optical space shift keying，OSSK）是 OSM 的一个子集，其中只有空间携带信息，实现起来更加简单。Videv 和 Haas 在硬件上测试了基于 OSSK 的可见光通信，相比 OOK 调制具有更高的频谱效率 [79]。然而，OSSK 的频谱效率依然较低，因此广义 OSSK 被提出，每个时刻激活的 LED 单元的数量可以从 0 到 N_t 中选择，最高可以传输 N_t 比特信息，大大提高了系统的频谱效率 [80]。但是在信道相关性较强时，这种方法的误码性能较差 [81]。

1.2.2 多载波调制

正交频分复用（orthogonal frequency division multiplexing，OFDM）由于具有较高的频谱效率，在接收端频域均衡容易实现，并且结合循环前缀（cyclic prefix，CP）的使用可以消除码间干扰，被广泛应用于无线通信和广播中 [82]。近年来，OFDM 也被应用到可见光通信中 [83–85]。与传统射频通信中的 OFDM 不同的是，在可见光通信中由于强度调制的使用，调制的信号必须是非负实数。因此，在光 OFDM 中，加载在子载波上的符号需要满足厄米对称（Hermitian symmetry），以保证经过快速傅里叶逆变换（inverse fast Fourier transform，IFFT）后的信号为实数。另外，为了保证发送的信号非负，需要对变换后的信号加上直流偏置，并将剩余的负信号强制置零，这样的光 OFDM 被称作直流偏置光 OFDM（direct-current-biased optical orthogonal frequency division multiplexing，DCO-OFDM）[86]。在每个子载波上，可以采用正交幅度调制（quadrature amplitude modulation，QAM）等高频谱效率的调制方式，如果对每个子载波进行比特和功率分配，可以更好地适应信道的特征，进一步提高系统的性能 [31]。但是 DCO-OFDM 中的直流偏置不携带信息，浪费了大量的功率。

为了提高功率效率，非对称限幅光正交频分复用被提出（asymmetrically clipped optical orthogonal frequency division multiplexing，ACO-OFDM）[87]。在 ACO-OFDM 中，如果将偶数子载波置零，那么经过 IFFT 后的时域输出信号将具有反对称性，也就是说时域中每个负的信号都有一个对应的正的信号。因此在传输时可以直接截掉负的信号，并不会造成信息的损失。在文献 [87] 中，Armstrong 和 Lowery 证明了在接收端经过傅里叶变换（fast Fourier transform，FFT）后，限幅噪声在奇数子载波上均为零，只出现在偶数子载波上，因此不会影响有用信号的接收。通过这样的操作，ACO-OFDM 不再需要直流偏置，从而提高了功率效率，在低频谱效率时相比 DCO-OFDM 具有更好的误码性能 [88]。虽然 ACO-OFDM 解决了直流偏置的问题，但是由于没有使用偶数的子载波，因此浪费了一半的频谱资源，当所需的频谱效率较高时，ACO-OFDM 的性能反而不如 DCO-OFDM [89]。

OFDM 信号具有较高的峰均比，当考虑 LED 的非线性时，OFDM 的性能会受到很大的损失 [90]。文献 [91]~文献 [93] 从限幅噪声、容量和误比特率等方面分析了 LED 非线性对采用 OFDM 的可见光通信系统的影响。为了降低 OFDM 的高峰均比对可见光通信系统的影响，一些针对光 OFDM 的降峰均比算法被提出 [94–100]。其中，文献 [94]~文献 [98] 将传统 OFDM 降峰均比的算法应用到光 OFDM 中，包括选择性映射、多音预留、迭代限幅滤波和部分序列传输等。文献 [99] 则采用立方度量而非峰均比来衡量 DCO-OFDM 的信号分布，并利用动态星座扩展技术来降低系统的立方度量，从而可以降低非线性对系统性能的影响。文献 [100] 提出利用椭圆变换来降低 DCO-OFDM 的峰均比，也取得了良好的效果。另外，考虑到在照明中通常采用多个 LED 灯的阵列，可以将 OFDM 的子载波分成若干组，每个 LED 灯只选择其中的一组进行调制。由于这些 LED 同时发光而且间距很近，这些光强叠加后，可以得到所需的 OFDM 信号。而每个 LED 灯只使用了少量的子载波，具有较低的峰均比，可以缓解 LED 非线性的影响 [101, 102]。为了减小 LED 非线性造成的限幅噪声，也需要对信号的电功率和所加的直流偏置进行优化，以保证在接收端的信噪比最大化 [103–105]。在接收端，考虑到 LED 非线性造成的限幅噪声经过 FFT 变换后在频域具有相关性，可以在频域采用序列联合估计，通过最大似然准则来消除非线性造成的影响，但是这种检测的复杂度很高。文献 [106] 和文献 [107] 提出一种简化的准最优序列检测准则，可以接近理想条件下的系统性能。

近年来，一些新的光 OFDM 调制方式被提出，并应用到可见光通信中。脉冲幅度调制–离散多音频（pulse-amplitude-modulated discrete multitone，PAM-DMT）调制只在子载波的虚部采用 PAM 调制，经过 IFFT 之后，时域信号也满足反对称性质，因此和 ACO-OFDM 一样可以直接将负的信号置零，以避免使用直流偏置。但是，PAM-DMT 空置了子载波的实部，频谱效率依然不高 [108]。另外，澳大利亚莫纳什大学和英国爱丁堡大学的学者也提出了一种不需要直流偏置的光 OFDM，并将其分别称作翻转 OFDM（flip-OFDM）和单极性 OFDM（unipolar OFDM，U-OFDM）[109–111]。在这种调制中，他们将 OFDM 时域信号中的正负信号分离，首先用一个 OFDM 符号周期传输正的信号，然后再将负的信号翻转后在第二个 OFDM 符号周期传输，这样的操作也可以不需要直流偏置，但是由于原来一个符号周期的信号需要两个符号周期来传输，频谱效率也减半。非对称限幅直流偏置光 OFDM（asymmetrically clipped DC biased optical OFDM，ADO-OFDM）通过将 DCO-OFDM 和 ACO-OFDM 信号同时传输来提高 ACO-OFDM 的频谱效率。为了不干扰 ACO-OFDM 信号，ADO-OFDM 中的 DCO-OFDM 只有偶数子载波上有符号加载，而奇数子载波均置零 [89]。然而，ADO-OFDM 依然需要直流偏置，导致其功率效率不高。混合 ACO-OFDM（hybrid ACO-OFDM，HACO-OFDM）则通过将 PAM-DMT 信号和 ACO-OFDM 信号混合解决了这个问题，其中 PAM-DMT 信号也只在偶数子载波上加载符号，避免与 ACO-OFDM 信号干扰 [112]。相比传统 ACO-OFDM 和 DCO-OFDM，HACO-OFDM 可以利用所有的子载波，而且也不需要直流偏置，因此具有更高的频谱效率和功率效率。Tsonev 等人利用 U-OFDM 时域特性，提出一种增强型的 U-OFDM，将不同长度的 U-OFDM 信号在时域进行叠加传输，提高 U-OFDM 的频谱效率，他们还把这种方法扩展到 PAM-DMT 中 [113–115]。但是，这种方式导致新的 OFDM 的符号长度明显变长，增加了系统的延时。

为了兼容照明亮度的调节，可以对每个 OFDM 时域信号乘上一个 PWM 信号，通过调制 PWM 信号的宽度来调节系统的平均光功率 [116]，但是这种方法需要一个高频的 PWM 信号，具有较高的实现成本。另一种方法是通过在 OFDM 符号后补零的方式来调节平均光功率，但是这种方法显著降低了数据率 [117]。Elgala 和 Liffle 提出一种反极性光 OFDM，通过调整不同极性的 ACO-OFDM 信号的宽度来改变平均光功率，但是由于 ACO-OFDM 信号的使用，系统的频谱效率不高 [118]。

1.2.3 颜色调制

颜色调制是可见光通信中特有的一种调制方式，由于白光可以由红、绿、蓝三色光混合而成，因此可以利用不同颜色的强度比例表示不同的符号以传输信息[119]。IEEE 802.15.7 标准也引入了色移键控（color shift keying，CSK）调制，并支持 4CSK、8CSK 和 16CSK 三种调制阶数[40]。CSK 调制的星座图基于国际照明委员会的 CIE 1931 色度图[120]，并选取了红、绿、蓝三色作为基准色。由于发送符号是映射到这三种颜色的比例，因此星座图只是二维的。当需要调节照明亮度时，可以等比例地调节三种颜色光的亮度，但是不影响 CSK 的星座点值。随后，针对可见光通信中 CSK 调制的研究逐渐展开，主要工作包括标准中的 CSK 星座优化[121–123] 以及高阶星座图的设计[124]。另外，英国南安普顿大学 Jiang 等人研究了基于 CSK 的编码调制系统中 CSK 星座图设计以及三级接收机[125]。由于可见光通信采用强度调制，传统的 CSK 调制要求星座点的坐标值均为非负实数。东南大学的研究组通过对 LED 分组，结合空间调制，使星座点的设计优化可以扩展到整个实平面，因此可以扩大符号间距，提高系统的性能[126]。

1.3 主要工作及贡献

本书的研究工作主要围绕可见光通信系统中的调制技术展开。虽然近年来可见光通信的研究取得了长足的发展，然而在调制技术方面还存在一些亟待解决的问题，这些问题阻碍了它的进一步推广。首先，由于可见光通信采用强度调制，当接收端将光信号转换成电信号时，信号随距离的衰减速度相比射频更快，这限制了可见光通信的覆盖范围，因此需要降低可见光通信的接收门限。其次，虽然可见光具有很宽的频谱，但可见光通信系统的带宽却受到收发端光学器件的限制，因此需要研究具有高频谱效率的调制方式。再次，可见光通信不能影响 LED 原本的照明功能，因此需要设计与照明兼容的调制方式。最后，为了可见光通信在现有照明设施中的推广，应当保证其实现的低复杂度。为了解决上述难题，本书从以下五个方面展开研究。

（1）针对现有的可见光通信调制技术进行性能优化，以降低系统的接收门限。考虑到不同的 DCO-OFDM 符号具有不同的信号分布，采用固定的缩放和偏置系数并不能充分利用 LED 的线性范围。因此，本书提出一种自适应光 OFDM，对不同 DCO-OFDM 符号根据其信号的分布特征，采用不同的缩放和偏置系数，更加充分利用 LED 的线性范围。利用光功率与信号幅度的均值成正比的特性，在不改变照明亮度和接收机结构的前提下，提高系统的接收性能。HACO-OFDM 通过将调制奇数子载波的 ACO-OFDM 和调制偶数子载波的 PAM-DMT 信号同时传输以提高系统的频谱效率。传统的 HACO-OFDM 接收机直接在频域分离 ACO-OFDM 和 PAM-DMT 的信号，并进行判决 [112]。本书提出一种 HACO-OFDM 的迭代接收机结构，通过在时域对 ACO-OFDM 和 PAM-DMT 信号进行分离，再利用这两路信号时域的对称性，进一步消除噪声和信号间的干扰，提高了接收的性能。相关研究成果已在*Optics Express* 和 *IEEE OSA Journal of Lightwave Technology* 等 SCI 期刊上发表。

（2）高频谱效率的可见光通信调制技术研究。本书提出一种分层 ACO-OFDM 调制方案，将子载波分成若干层，并分别采用 ACO-OFDM 进行调制，然后将多层 ACO-OFDM 信号同时发送。相比传统 ACO-OFDM，分层 ACO-OFDM 可以使用更多的子载波，提高了频谱效率。同时，由于每层均为 ACO-OFDM 调制，不需要使用直流偏置来保证信号的非负性，具有较高的功率效率。更进一步，本书提出一种改进的接收机，利用每层 ACO-OFDM 信号时域的对称性降低噪声，提高了分层 ACO-OFDM 的接收性能。相关研究成果已在*Optics Express* 和 *IEEE Photonics Technology Letters* 等 SCI 期刊上发表。

（3）亮度可调的可见光通信调制技术研究。由于可见光通信需要与照明相结合，在可见光通信中，根据照明的需求 LED 的亮度应当可变。传统的光 OFDM 在亮度变化时无法充分利用 LED 的动态范围，从而造成性能的损失。因此，本书提出非对称混合光 OFDM 的概念，将 ACO-OFDM 和 PAM-DMT 信号以不同的极性和功率进行叠加，以获得非对称的 OFDM 信号。在不同直流偏置下通过改变 OFDM 时域信号的非对称性，以支持不同亮度条件下的可见光通信传输。它能够在不同亮度需要下充分利用 LED 的动态范围，在很宽的亮度范围下实现高效可靠通信，与现有方法相比，在低照明亮度下能够有效提高系统的频谱效率。相关研究成果已在*IEEE Photonics Journal* 和 *IEEE Photonics Technology Letters* 等 SCI 期刊上发表。

（4）多光源可见光通信系统中的调制技术研究。在使用 RGB 型白光 LED 进行光通信时，编码后的比特经过红、绿、蓝三路光并行发出。为了得到白光，三种颜色的光强度不同，同时不同颜色的光电转换器效率也可能不同，这导致来自不同支路的信号可信度不同，在接收端采用软判决译码时会造成性能的损失。本书提出一种应用于 RGB 型白光 LED 通信系统的接收端预失真算法，在软判决译码器前添加一个预失真模块，对不同可信度的信号给予不同的权重，通过最优化预失真系数降低误码率，提高系统的性能。在多灯多用户 MIMO 可见光通信系统中，不同链路长度会造成不同的传输延时，这使得信道增益在频域不同子载波对应不同的相位。当采用高传输带宽时，这种相位的差异不能忽略。本书提出基于 MIMO-OFDM 的多用户可见光通信预编码方案，在发送信号为非负实数的约束下，在每个 LED 单元采用 OFDM 进行调制，对不同子载波分别计算对应的复数预编码矩阵，再计算不同发射端所需的缩放系数和直流偏置。相关研究成果已在*Optics Express* 和 *IEEE Photonics Journal* 等 SCI 期刊上发表，并在国际会议 IEEE GlobalSIP 2015 上发表论文一篇。

（5）低复杂度可见光通信编码调制系统研究。在实际的可见光通信系统中，为了保证信息的可靠传输，需要结合信道编码进一步降低系统的误码率。本书提出基于振幅移相键控（amplitude phase shift keying，APSK）的可见光通信编码调制系统，由于 APSK 星座图更加接近高斯分布，可以提供成形增益，当结合软判决译码时，采用 APSK 的系统相比 QAM 调制具有更好的性能。然而，软判决译码需要计算每个比特的对数似然比（log-likelihood ratio，LLR），传统的解映射算法具有很高的实现复杂度，限制了高阶调制的使用。本书针对格雷映射星座图提出一种通用的低复杂度解映射算法，利用格雷星座映射的对称和可分解结构，通过快速搜索解调所需星座点，避免了计算所有星座符号对应的欧氏距离平方，从而在保证系统接收性能的前提下，有效降低了可见光通信系统接收机的实现复杂度。相关研究成果已在 SCI 期刊*IEEE Transactions on Vehicular Techlogy* 上发表，并在国际会议 ACP 2015 上发表论文一篇。

本书各部分研究内容之间的关系如图 1.1 所示。

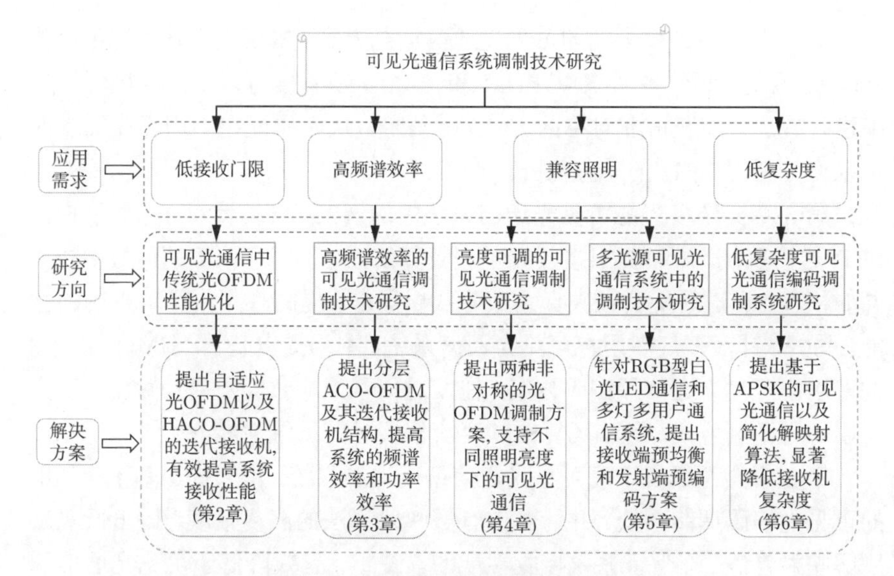

图 1.1　本书框架及主要研究内容

1.4　本书内容

本书的内容安排如下。

第 1 章介绍本书的研究背景。首先回顾了可见光通信的发展历史及现状，并介绍其主要特点和应用前景；然后阐述了现有可见光通信中的调制技术；基于此，介绍本书的研究思路、研究内容以及贡献；最后，给出本书的内容安排。

第 2 章介绍可见光通信中传统 OFDM 调制的性能优化。针对 DCO-OFDM，本章提出自适应功率和直流偏置控制方案，可以充分利用 LED 的动态范围，提高系统的性能。针对 HACO-OFDM，考虑到其中两路信号的时域对称特性，本章提出时域信号分离和迭代接收机结构，有效提高系统的接收性能。

第 3 章介绍高频谱效率的可见光通信调制方案。本章提出分层 ACO-OFDM 调制，通过多层 ACO-OFDM 的叠加充分利用子载波资源，提高系统的频谱效率。并提出一种改进的迭代接收机，进一步提高系统的接收性能。

第 4 章介绍亮度可调的可见光通信调制方案。本章提出非对称混合光 OFDM 调制，通过将 ACO-OFDM 和 PAM-DMT 信号以不同的极性和功率进行叠加，以获得非对称的 OFDM 信号，从而保证在不同亮度需求时可以充分利用 LED 的动态范围。

第 5 章介绍多光源可见光通信系统中的调制技术。针对 RGB 型白光 LED 通信系统，本章提出接收端预失真算法，对不同可信度的信号给予不同的权重，通过最优化预失真系数降低误码率，提高软判决译码系统的性能。另外，针对多灯多用户可见光通信系统，本章提出基于 MIMO-OFDM 的多用户可见光通信预编码方案，在发送信号为非负实数的约束下，研究采用不同调制方式、预编码算法和直流偏置时的系统性能。

第 6 章介绍低复杂度可见光通信编码调制系统。本书提出基于 APSK 的可见光编码调制系统，并针对现有解映射算法的高复杂度，提出低复杂度解映射算法，在保证系统接收性能的前提下，有效降低了可见光通信系统接收机的实现复杂度。

第 7 章对本书的研究进行总结，并给出进一步的研究方向。

第2章　可见光通信中传统光 OFDM 性能优化

光 OFDM 具有较高的频谱效率和易于实现的优点，因此在可见光通信中被广泛采用。本章首先介绍可见光通信中的一些传统光 OFDM 调制技术，然后针对 DCO-OFDM，提出自适应功率和直流偏置控制方案，充分利用 LED 的动态范围，提高系统的性能。针对 HACO-OFDM，考虑到其中两路信号的时域对称特性，本章提出时域信号分离和迭代接收机结构，可有效提高系统的接收性能。

2.1　传统光 OFDM

2.1.1　DCO-OFDM

一个基于 DCO-OFDM 的可见光通信系统发射机框架如图 2.1 所示。其中，发送比特首先映射成符号 X_k ($k = 0, 1, \cdots, N-1$；N 为 OFDM 符号长度)。映射方式通常采用 PAM、QAM 或者相移键控（phase shift keying，PSK）等星座映射。为了保证发送的时域信号为实数，映射到子载波上的符号应当满足厄米对称：

$$X_k = X_{N-k}^*,\ \ k = 1, 2, \cdots, N/2-1 \tag{2-1}$$

其中，* 表示复数的共轭。同时，第 0 个和第 $N/2$ 个子载波也被置为 0，即 $X_0 = X_{N/2} = 0$。因此对于一个长度为 N 的光 OFDM 符号，只有 $N/2-1$ 个子载波被调制了有用信号。

随后，这 N 个频域符号经过 IFFT 可得到 OFDM 的时域信号

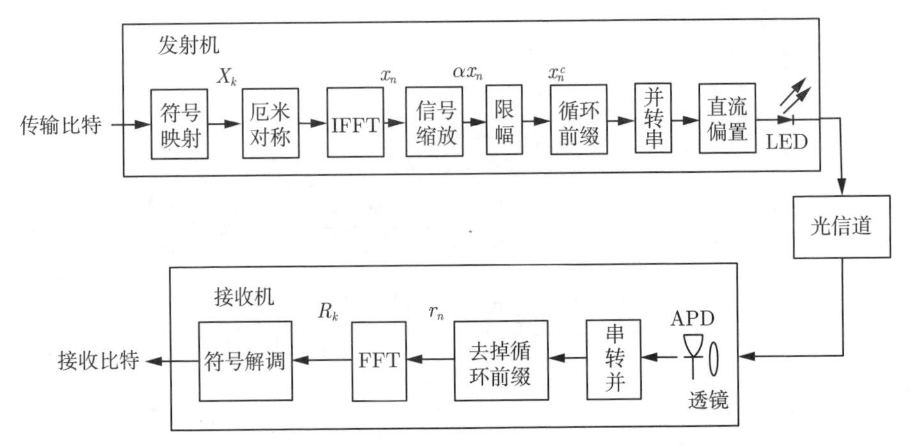

图 2.1 基于 DCO-OFDM 的可见光通信系统发射机框架

$$x_n = \frac{1}{\sqrt{N}} \sum_{k=0}^{N-1} X_k \exp\left(\mathrm{j}\frac{2\pi}{N}nk\right),\ n = 0, 1, \cdots, N-1 \tag{2-2}$$

由于子载波之间满足厄米对称，x_n $(n = 0, 1, \cdots, N-1)$ 为实数。随后，信号经过缩放以满足功率的约束，这里设缩放因子为 α，并在每个 OFDM 符号前增加循环前缀以保证接收端可以消除码间串扰。

根据中心极限定理，当 N 较大时，信号 x_n 近似服从均值为 0，方差为 $\sigma_D^2 = E\{x_n^2\}$ 的高斯分布 [86]。由于调制 LED 的信号应为非负实数，需要对信号增加一个直流偏置 I_{bias}。考虑到 OFDM 信号具有较高的峰均比，为了保证所有信号非负，需要增加一个很大的直流偏置，然而这会大幅提高信号的功率，造成功率效率的降低。因此通常采用一个适中的直流偏置，以保证大部分的信号非负，再将其他负的信号限幅为 0，但这种方式会导致一定的限幅失真。

在接收端，APD 将光信号转换成电信号，其中会引入散弹噪声和热噪声，它们可以被建模为方差为 σ_{w}^2 的高斯白噪声 [20]。当去掉循环前缀后，接收信号 $r_0, r_1, \cdots, r_{N-1}$ 通过 FFT 变换频域：

$$R_k = \frac{1}{\sqrt{N}} \sum_{n=0}^{N-1} r_n \exp\left(-\frac{\mathrm{j}2\pi nk}{N}\right),\ k = 0, 1, \cdots, N-1 \tag{2-3}$$

然后根据所用的星座映射进行解调。注意到

$$\frac{1}{\sqrt{N}}\sum_{n=0}^{N-1}\exp\left(\frac{\mathrm{j}2\pi nk}{N}\right)=\begin{cases}\sqrt{N}, & k=0\\ 0, & k=1,2,\cdots,N-1\end{cases} \tag{2-4}$$

因此直流偏置只会影响到第 0 个子载波，而第 0 个子载波上并没有调制信息。但是，直流偏置的引入浪费了大量的功率。

2.1.2　ACO-OFDM 和 PAM-DMT

为了提高系统的功率效率，一些不需要直流偏置的光 OFDM 调制技术被提出，比较有代表性的是 ACO-OFDM 和 PAM-DMT [87, 108]。在 ACO-OFDM 中，只有奇数的子载波被调制，它的频域信号可表示为

$$\boldsymbol{X}=\left[0,X_1,0,X_3,\cdots,X_{N/2-1},0,X_{N/2-1}^*,\cdots,X_1^*\right] \tag{2-5}$$

经过 IFFT 后，它的时域信号 $x_{\mathrm{ACO},n}$ 满足如下的反对称性：

$$x_{\mathrm{ACO},n}=-x_{\mathrm{ACO},n+N/2},\ \ n=0,1,\cdots,N/2-1 \tag{2-6}$$

因此可以将其中所有负的信号直接置零，而不会有信息的损失，即

$$\lfloor x_{\mathrm{ACO},n}\rfloor_c=x_{\mathrm{ACO},n}+i_{\mathrm{ACO},n}=\begin{cases}x_{\mathrm{ACO},n}, & x_{\mathrm{ACO},n}\geqslant 0\\ 0, & x_{\mathrm{ACO},n}<0\end{cases} \tag{2-7}$$

其中，$i_{\mathrm{ACO},n}$ 表示置零造成的限幅失真。在文献 [87] 中，Armstrong 和 Lowery 证明了 ACO-OFDM 中的限幅失真 $i_{\mathrm{ACO},n}$ 经过 FFT 后只落在偶数的子载波上，不会影响到携带有效信息的奇数子载波，因此在接收端通过简单的 FFT 就可以恢复出发射信号。同时由于 ACO-OFDM 的信号均为非负，避免了直流偏置的使用，提高了功率效率。

在 PAM-DMT 调制中，除了第 0 个和第 $N/2$ 个子载波外的所有子载波的虚部均被调制，即

$$\boldsymbol{Y}=\mathrm{j}\left[0,Y_1,Y_2,\cdots,Y_{N/2-1},0,-Y_{N/2-1},\cdots,-Y_1\right] \tag{2-8}$$

其中，Y_k $(k=1,2,\cdots,N/2-1)$ 为实的 PAM 信号。经过 IFFT 后，PAM-DMT 的时域信号 $y_{\mathrm{PAM},n}$ 满足

$$y_{\mathrm{PAM},n}=-y_{\mathrm{PAM},N-n},\ \ n=1,\cdots,N/2-1 \tag{2-9}$$

并且有

$$y_{\mathrm{PAM},0}=y_{\mathrm{PAM},N/2}=0 \tag{2-10}$$

因此类似 ACO-OFDM，也可以将 PAM-DMT 的时域信号中负的信号直接置零得到 $\lfloor y_{\mathrm{PAM},n}\rfloor_c$，而不会造成信息的损失。文献 [108] 证明了限幅失真 $i_{\mathrm{PAM},n}$ 经过 FFT 后只落在子载波的实部上，不会影响到携带有效信息的子载波虚部，因此在接收端也可以通过简单的 FFT 恢复出发射信号。

2.1.3 HACO-OFDM

ACO-OFDM 和 PAM-DMT 都只使用了一半的子载波资源，造成了频谱效率的损失。为了进一步提高系统的频谱效率，Ranjha 和 Kavehrad 提出了 HACO-OFDM 调制，将 ACO-OFDM 信号和 PAM-DMT 信号同时发送 [112]。其中，PAM-DMT 中只有偶数子载波的虚部才被 PAM 符号调制，而它对应的限幅失真只在偶数子载波的实部，保证了 ACO-OFDM 信号中的奇数子载波不受干扰。HACO-OFDM 的时域信号可写为

$$z_n=\lfloor x_{\mathrm{ACO},n}\rfloor_c+\lfloor y_{\mathrm{PAM},n}\rfloor_c,\ \ n=0,1,\cdots,N-1 \tag{2-11}$$

由于 ACO-OFDM 和 PAM-DMT 的信号均非负，合并的信号 z_n 也满足非负的性质，从而也不需要直流偏置。

在接收端，设接收信号为 $r_n=z_n+w_n, n=0,1,\cdots,N-1$，其中 w_n 为高斯白噪声。经过 FFT 后频域符号可写为 $R_k=Z_k+W_k, k=0,1,\cdots,N-1$。由于 ACO-OFDM 和 PAM-DMT 的限幅失真都落在偶数的子载波上，因此奇数子载波上的符号可以经过 FFT 后先检测出来 [112]。

$$\hat{X}_{\mathrm{ACO},k}=\arg\min_{X\in\mathcal{S}_{\mathrm{ACO}}}|X-2R_k|,\ \ k=1,3,\cdots,N/2-1 \tag{2-12}$$

其中，$\mathcal{S}_{\mathrm{ACO}}$ 表示 ACO-OFDM 中所用的星座集合。式 (2-12) 中的两倍是由于 ACO-OFDM 信号经过限幅后，奇数子载波上的符号变成了原来的一半。

当检测出 ACO-OFDM 的奇数子载波上的符号后，可以利用式 (2-2) 和式 (2-7) 估计发送的 ACO-OFDM 时域信号，记为 $\lfloor \hat{x}_{\mathrm{ACO},n}\rfloor_c$。因此，ACO-OFDM 在偶数子载波上的限幅失真可以通过对 $\lfloor \hat{x}_{\mathrm{ACO},n}\rfloor_c$ 做 FFT 估计

得出：

$$\hat{I}_{\mathrm{ACO},k}=\frac{1}{\sqrt{N}}\sum_{n=0}^{N-1}\lfloor\hat{x}_{\mathrm{ACO},n}\rfloor_c\exp\left(-\frac{\mathrm{j}2\pi nk}{N}\right),\quad k=2,4,\cdots,N/2-2 \tag{2-13}$$

当解调偶数子载波上的 PAM-DMT 符号时，需要先去除 ACO-OFDM 引入的限幅失真，因此 PAM-DMT 的符号可以由式 (2-14) 检测：

$$\hat{Y}_{\mathrm{PAM},k}=\arg\min_{Y\in\mathcal{S}_{\mathrm{PAM}}}|Y-2\mathrm{imag}(R_k-\hat{I}_{\mathrm{ACO},k})|,\quad k=2,4,\cdots,N/2-2 \tag{2-14}$$

其中，$\mathcal{S}_{\mathrm{PAM}}$ 表示 PAM-DMT 中所用的星座集合。式 (2-14) 中的两倍是由于 PAM-DMT 信号经过限幅后，子载波虚部上的符号变成了原来的一半。

2.2　自适应光 OFDM

本节针对采用 DCO-OFDM 的可见光通信系统，提出一种自适应光 OFDM，通过对不同 OFDM 符号计算不同的缩放和偏置系数，有效利用 LED 的线性范围，降低限幅失真，从而提高系统的性能。

由于 LED 的非线性特性，传输的时域信号被限制在一个有限的范围内，设线性范围为 $[I_{\min}, I_{\max}]$ [91]。因此超出线性区的信号将被限幅。本书考虑在加直流偏置 I_{bias} 前先将信号限幅，保证在加直流偏置后的信号位于 LED 的线性范围内，则限幅后的信号可写为

$$x_n^c=\begin{cases}I_{\max}-I_{\mathrm{bias}}, & \alpha x_n+I_{\mathrm{bias}}>I_{\max}\\ \alpha x_n, & I_{\min}\leqslant\alpha x_n+I_{\mathrm{bias}}\leqslant I_{\max}\\ I_{\min}-I_{\mathrm{bias}}, & \alpha x_n+I_{\mathrm{bias}}<I_{\min}\end{cases} \tag{2-15}$$

根据中心极限定理，限幅失真在频域也可以被建模为一个高斯噪声 [91]，设其方差为 σ_{clip}^2。对于采用 M 阶 QAM 星座映射的系统，误比特率（bit error rate，BER）可以用下式近似 [127]：

$$\mathrm{BER}\approx\frac{4(\sqrt{M}-1)}{\sqrt{M}\log_2(M)}Q\left(\sqrt{\frac{3\log_2 M}{M-1}\varGamma_{\mathrm{b(elec)}}}\right) \tag{2-16}$$

其中，$Q(x)$ 为标准正态分布的互补累计分布函数，定义为

$$Q\left(x\right)=\frac{1}{\sqrt{2\pi}}\int_{x}^{\infty}\exp\left(-\frac{t^{2}}{2}\right)\mathrm{d}t \tag{2-17}$$

$\Gamma_{\mathrm{b(elec)}}$ 表示接收端有效的电信噪比

$$\Gamma_{\mathrm{b(elec)}}=\frac{\epsilon_{\mathrm{b}}}{\sigma_{\mathrm{clip}}^{2}+\sigma_{\mathrm{w}}^{2}} \tag{2-18}$$

其中，ϵ_{b} 代表接收端的每比特有效电功率。

当经过式 (2-15) 的非线性变换后，信号的有效电功率和限幅失真的功率都会受到影响。对于给定的动态范围，限幅失真受到缩放因子 α 和直流偏置 I_{bias} 的影响。当缩放因子较小时，限幅失真会降低，甚至和接收端噪声相比可以忽略不计。但是这会导致接收端有效电功率的降低，并不一定能带来接收端有效电信噪比的提高。相反，如果增大缩放因子，会提高接收端的有效电功率，然而这也会导致更多的信号超出 LED 的线性区，从而增加了限幅失真。因此，缩放因子和直流偏置的选取应当在有效电功率和限幅失真之间取得平衡，使得有效电信噪比最大化，从而取得良好的误码性能。

在现有的系统中，最优的固定系数选取是通过最小化误比特率来实现的，在整个传输过程中缩放因子和直流偏置均保持不变[29–31]。然而，不同的 OFDM 符号具有不同的信号分布。具体来说，当考虑 M-QAM 星座映射和 N 个子载波时，OFDM 符号有 $M^{N/2-1}$ 种可能的时域信号

$$\mathbb{X}=\left\{\boldsymbol{x}^{(m)}\right\}_{m=1}^{M^{N/2-1}} \tag{2-19}$$

对于不同的 OFDM 符号，x_n 的动态范围不同，因此采用固定的缩放和偏置系数并不能充分利用 LED 的线性范围，从而造成性能的损失。通过穷举搜索的方法可以针对一个特定的信号分布 $\boldsymbol{x}^{(l)}\in\mathbb{X}$ 获得一个最优的缩放因子和直流偏置，以保证有效电信噪比最大：

$$\Gamma_{\mathrm{b(elec)}}^{(m)}=\frac{\epsilon_{\mathrm{b}}^{(m)}}{\left(\sigma_{\mathrm{clip}}^{(m)}\right)^{2}+\sigma_{\mathrm{AWGN}}^{2}} \tag{2-20}$$

其中，$\epsilon_{\mathrm{b}}^{(m)}$ 和 $\left(\sigma_{\mathrm{clip}}^{(m)}\right)^{2}$ 分别表示 $\boldsymbol{x}^{(m)}$ 对应的每比特有效电功率和限幅失

真功率。然而，这种方法的复杂度非常高，无法在实际系统中实现。

因此，本节提出一种自适应光 OFDM 方案，通过更低的复杂度来计算不同 OFDM 符号近似最优的缩放因子和直流偏置。具体来讲，缩放因子的选取准则是在有效电功率和限幅失真间取得折中，而直流偏置的选择则是在给定缩放因子的情况下最小化限幅失真。下面分别介绍缩放因子和直流偏置的计算。

2.2.1　缩放因子计算

对于 OFDM 时域符号 $\{x_n, n=0,1,\cdots,N-1\}$，在此设其中最大和最小的信号分别为 $x_{\max}$ 和 $x_{\min}$。如果将信号从区间 $[x_{\min}，x_{\max}]$ 线性变换到区间 $[I_{\min}，I_{\max}]$，即将缩放因子设为

$$\alpha_{\min}=\frac{I_{\max}-I_{\min}}{x_{\max}-x_{\min}} \tag{2-21}$$

且对应的直流偏置为 $I_{\text{bias}}=I_{\min}-\alpha_{\min}x_{\min}$，则传输的信号可以充分利用 LED 的全部动态范围，且不会出现限幅失真。但是，这样的缩放因子较小，会影响接收端的有效电功率。另一方面，如果增大缩放因子，限幅失真会随着有效电功率的增大而增大。在这里，为了避免复杂的最优化搜索以降低实现的复杂度，简单的设缩放系数为

$$\alpha=\frac{2\left(I_{\max}-I_{\min}\right)}{x_{\max}+x_{\text{smax}}-x_{\min}-x_{\text{smin}}} \tag{2-22}$$

其中，x_{smax} 和 x_{smin} 分别表示 $\{x_n, n=0,1,\cdots,N-1\}$ 中第二大和第二小的信号。需要指出的是，式 (2-22) 中选择的 α 并不是最优的值，但是它可以在有效电功率和限幅失真之间取得一个良好的折中。因为式 (2-22) 中的值大于式 (2-21) 中的值，因此具有更高的有效电功率。同时，这个值又不是特别大，只会使极少数的信号被限幅，因而保证了限幅失真较小。

利用式 (2-4) 及 $X_0=X_{N/2}=0$，有

$$\begin{aligned}\frac{1}{N}\sum_{n=0}^{N-1}\left(\alpha x_n+I_{\text{bias}}\right)&=\frac{\alpha}{N^{3/2}}\sum_{n=0}^{N-1}\sum_{k=0}^{N-1}X_k\exp\left(\frac{\mathrm{j}2\pi nk}{N}\right)+I_{\text{bias}}\\&=\frac{\alpha}{N^{3/2}}\sum_{k=0}^{N-1}X_k\sum_{n=0}^{N-1}\exp\left(\frac{\mathrm{j}2\pi nk}{N}\right)+I_{\text{bias}}\\&=I_{\text{bias}}\end{aligned} \tag{2-23}$$

由式 (2-23) 可以看出，缩放因子的变化并不会影响限幅前的光功率。尽管缩放因子会影响信号的幅度，但是在接收端不需要额外的缩放因子信息，这是由于缩放因子可以被认为是信道状态信息的一部分，在接收端通过信道估计获取。因此，在接收端不需要额外的操作进行解调。

2.2.2 直流偏置计算

直流偏置只会影响限幅失真，而不会影响接收端的有效电功率。因此，直流偏置的选取应当在给定缩放因子的前提下最小化限幅失真，最优的直流偏置可以表示为

$$\hat{I}_{\text{bias}} = \arg \min_{I_{\text{bias}} \in \mathbb{R}^+} \sum_{n=0}^{N-1} f\left(\alpha x_n + I_{\text{bias}}\right) \tag{2-24}$$

其中，$f(x)$ 为限幅失真的功率，定义为

$$f(x) = \begin{cases} \left(x - I_{\max}\right)^2, & x > I_{\max} \\ 0, & I_{\min} \leqslant x \leqslant I_{\max} \\ \left(x - I_{\min}\right)^2, & x < I_{\min} \end{cases} \tag{2-25}$$

式 (2-24) 中的最优化问题可以通过数值算法获得，然而当子载波数较多时，它的复杂度很高。注意到对于给定的缩放因子，只有一小部分绝对值较大的信号才会被限幅。因此，可以利用 $\{x_n, n = 0, 1, \cdots, N-1\}$ 的最大值和最小值获得式 (2-24) 的一个近似结果：

$$\hat{I}_{\text{bias}} \approx \left(I_{\min} + I_{\max}\right)/2 - \alpha\left(x_{\max} + x_{\min}\right)/2 \tag{2-26}$$

正如在 2.1.1 节中提到的，直流偏置只影响第 0 个子载波，而第 0 个子载波没有有用信息，在接收端会被自动去除。因此接收端不需要知道直流偏置的大小，也不需要额外的操作。

2.2.3 仿真结果

本节通过仿真比较了自适应光 OFDM 和传统 DCO-OFDM 在可见光通信系统中的性能，其中 LED 的线性区设为 0~160 mA [30]。仿真考虑了两种不同的调制方式，分别采用 64 个子载波、16QAM 星座映射和 256 个子载波、64QAM 星座映射。在传统 DCO-OFDM 中，直流偏置被设置为

线性区的中间即 80 mA，x_n 的标准差也设为 80 mA。由于没有采用信道编码，仿真考虑的误比特率目标为 10^{-3}。

对于采用固定缩放因子的传统 DCO-OFDM，缩放因子的选择通过最小化达到目标误比特率的归一化光信噪比来取得。其中归一化光信噪比的定义为归一化的发射光功率与接收端电噪声功率的比值。图 2.2 给出了在

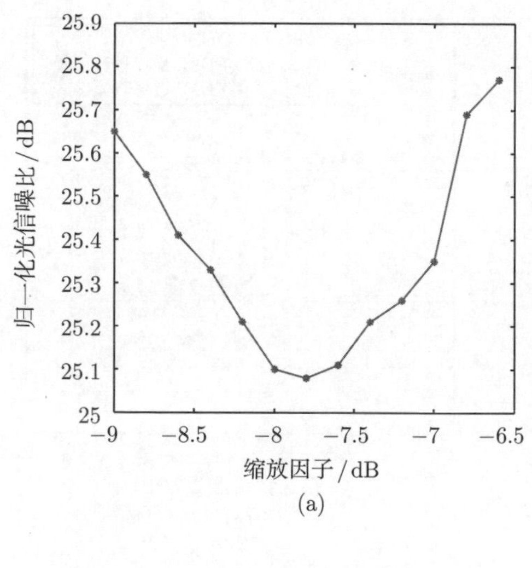

(a)

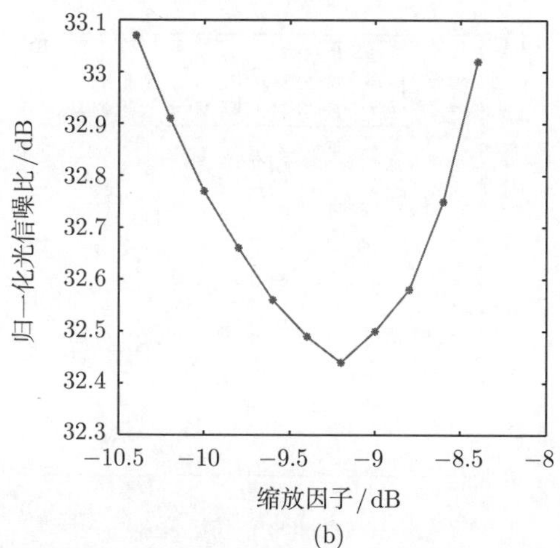

(b)

图 2.2　不同调制方式达到误比特率为 10^{-3} 所需的归一化光信噪比与缩放因子的关系

(a) $M = 16, N = 64$; (b) $M = 64, N = 256$; 子载波数为 N，星座映射方式为 M-QAM

不同缩放因子下，达到误比特率为 10^{-3} 所需的归一化光信噪比。由图 2.2 可知，在两种调制情况下，最优的固定缩放因子分别为 $-7.8\,\mathrm{dB}$ 和 $-9.2\,\mathrm{dB}$，因此后面的仿真将采用这组系数作为传统 DCO-OFDM 系统的参数。

图 2.3 比较了采用自适应光 OFDM 和传统采用固定系数的 DCO-OFDM 的可见光通信系统的误码性能。其中，自适应光 OFDM 的缩放

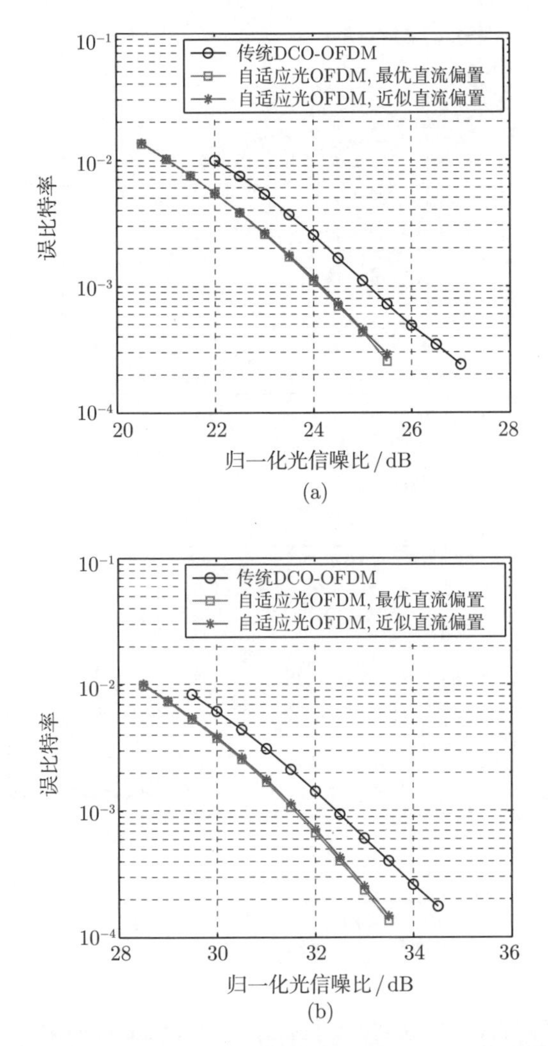

图 2.3 采用自适应光 OFDM 和传统 DCO-OFDM 的可见光通信系统误比特率性能比较

(a) $M=16, N=64$; (b) $M=64, N=256$; 子载波数为 N，星座映射方式为 M-QAM

因子由式 (2-22) 计算得出，而直流偏置的计算则分别采用了式 (2-24)（图 2.3 中标记为“最优直流偏置”）和式 (2-26)（图 2.3 中标记为“近似直流偏置”）。可以看出在两种调制方式下，当采用自适应光 OFDM 时，相比传统采用固定缩放因子和直流偏置的 DCO-OFDM，在误比特率为 10^{-3} 时具有 1 dB 的增益。同时采用近似直流偏置的结果与最优直流偏置的结果相比，性能损失可以忽略不计，因此式 (2-26) 是一个良好的近似，而且其复杂度有显著的降低。

2.3　HACO-OFDM 迭代接收机设计

尽管文献 [112] 中提出的 HACO-OFDM 接收机简单直接，但是它没有充分考虑 ACO-OFDM 和 PAM-DMT 时域信号的特性，从而限制了其性能。本节提出一种迭代接收机，通过将 ACO-OFDM 和 PAM-DMT 信号时域分离，并利用其时域的对称性，进一步消除 ACO-OFDM 和 PAM-DMT 信号之间的干扰，以提高系统的接收性能。

2.3.1　迭代接收机设计

HACO-OFDM 迭代接收机框架如图 2.4 所示。每次迭代时，首先检测奇数子载波上对应的 ACO-OFDM 的符号。随后，ACO-OFDM 的时域信号可以通过式 (2-2) 和式 (2-7) 估计出来，并将其从接收信号中减掉。剩余的时域信号可以看作有干扰的 PAM-DMT 信号，可以利用成对限幅操作来降低噪声和估计误差。经过成对限幅操作后的 PAM-DMT 信号被送入 FFT 模块，并根据频域信号来检测对应的 PAM-DMT 中的发送符号。同理，可以估计出发送的 PAM-DMT 时域信号，并将其从接收信号中减去，以获得一个更新的 ACO-OFDM 时域信号，并对它应用成对限幅以获得更加准确的结果。在第一次迭代中，由于没有先验信息，ACO-OFDM 符号的检测直接采用接收符号进行，与文献 [112] 中的接收机算法相同。下面详细介绍迭代接收机的设计。

在第一次迭代中，与式 (2-12) 相同，ACO-OFDM 符号的检测可以直接对接收信号做 FFT 得到。随后，发送的 ACO-OFDM 时域信号 $\lfloor \hat{x}_{\mathrm{ACO},n} \rfloor_c$，$n = 0, 1, \cdots, N-1$ 可以利用式 (2-2) 和式 (2-7) 重构出来。

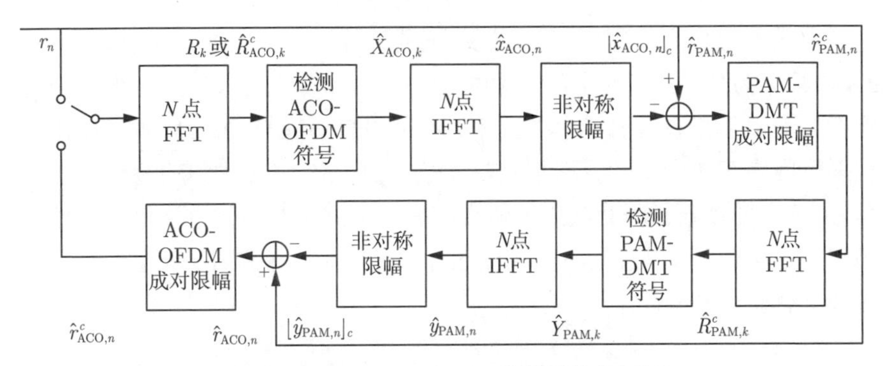

图 2.4 HACO-OFDM 迭代接收机框架

在传统的 HACO-OFDM 接收机中，PAM-DMT 的估计是通过将 ACO-OFDM 的限幅失真从频域去除后得到的。与之不同的是，本节提出的迭代接收机将估计的 ACO-OFDM 时域信号从接收的 HACO-OFDM 时域信号中减去，从而得到一个有干扰的 PAM-DMT 时域信号：

$$\hat{r}_{\mathrm{PAM},n} = r_n - \lfloor\hat{x}_{\mathrm{ACO},n}\rfloor_c,\ \ n=0,1,\cdots,N-1 \tag{2-27}$$

当考虑到接收端噪声和估计的误差时，可以将式 (2-27) 重写为

$$\hat{r}_{\mathrm{PAM},n} = \lfloor y_{\mathrm{PAM},n}\rfloor_c + w_n + e_{\mathrm{ACO},n},\ \ n=0,1,\cdots,N-1 \tag{2-28}$$

其中，$e_{\mathrm{ACO},n} = \lfloor x_{\mathrm{ACO},n}\rfloor_c - \lfloor\hat{x}_{\mathrm{ACO},n}\rfloor_c$ 表示 ACO-OFDM 信号的估计误差。

对于 PAM-DMT 信号，从式 (2-9) 可以看出它的时域信号中有一半为 0，而剩下的一半信号非负，对于一对信号 $\lfloor y_{\mathrm{PAM},n}\rfloor_c$ 和 $\lfloor y_{\mathrm{PAM},N-n}\rfloor_c$（$n=1,2,\cdots,N/2-1$），它们中必定有一个为 0。因此成对最大似然估计可以用于 PAM-DMT 信号，以估计出值为 0 的信号。对于 $n=1,2,\cdots,N/2-1$，利用如下的成对限幅准则：

$$\hat{r}^c_{\mathrm{PAM},n} = \hat{r}_{\mathrm{PAM},n}\zeta_{\{\hat{r}_{\mathrm{PAM},N-n}\leqslant\hat{r}_{\mathrm{PAM},n}\}} \tag{2-29}$$

$$\hat{r}^c_{\mathrm{PAM},N-n} = \hat{r}_{\mathrm{PAM},N-n}\zeta_{\{\hat{r}_{\mathrm{PAM},N-n}>\hat{r}_{\mathrm{PAM},n}\}} \tag{2-30}$$

其中，$\zeta_{\{A\}}$ 是一个指示函数，当事件 A 成立时有 $\zeta_{\{A\}}=1$，反之 $\zeta_{\{A\}}=0$。

在高信噪比的情况下，上述的估计将足够准确，PAM-DMT 信号中一半的噪声和估计误差会被消除，从而可以提高接收的性能。另外，可以发

现 $y_{\mathrm{PAM},0}=y_{\mathrm{PAM},N/2}=0$，因此 $\hat{r}^c_{\mathrm{PAM},0}$ 和 $\hat{r}^c_{\mathrm{PAM},N/2}$ 也可以置零以进一步降低噪声和估计误差。

经过成对限幅的 PAM-DMT 信号 $\hat{r}^c_{\mathrm{PAM},n}$ 被直接送入 FFT 模块，设其频域信号为 $\hat{R}^c_{\mathrm{PAM},k}$，则偶数子载波上对应的 PAM-DMT 的符号可以由式 (2-31) 而不是式 (2-14) 检测得到：

$$\hat{Y}_{\mathrm{PAM},k}=\arg\min_{Y\in\mathcal{S}_{\mathrm{PAM}}}|Y-2\mathrm{imag}(\hat{R}^c_{\mathrm{PAM},k})|,\ \ k=2,4,\cdots,N/2-2 \tag{2-31}$$

与传统接收机中的式 (2-14) 相比，由于消除了部分的噪声和估计误差，式 (2-31) 得到的结果更加准确。因此可以利用新的 PAM-DMT 信号以迭代的方式获得更加准确的 ACO-OFDM 符号估计，首先将 PAM-DMT 时域信号重构，并从接收信号中减去，得到一个 ACO-OFDM 的时域信号

$$\hat{r}_{\mathrm{ACO},n}=r_n-\lfloor\hat{y}_{\mathrm{PAM},n}\rfloor_c,\ \ n=0,1,\cdots,N-1 \tag{2-32}$$

其中，$\hat{r}_{\mathrm{ACO},n}$ 包含了接收端噪声和 PAM-DMT 时域信号的估计误差，在此可以重写式 (2-32) 为

$$\hat{r}_{\mathrm{ACO},n}=\lfloor y_{\mathrm{ACO},n}\rfloor_c+w_n+e_{\mathrm{PAM},n},\ \ n=0,1,\cdots,N-1 \tag{2-33}$$

其中，$e_{\mathrm{PAM},n}=\lfloor y_{\mathrm{PAM},n}\rfloor_c-\lfloor\hat{y}_{\mathrm{PAM},n}\rfloor_c$ 表示 PAM-DMT 信号的估计误差。

与 PAM-DMT 信号类似的是，ACO-OFDM 信号也可以利用成对限幅来减小噪声和估计误差。从式 (2-6) 和式 (2-9) 可以看出，ACO-OFDM 和 PAM-DMT 信号的对称性不同，因此这里采用了不同的成对限幅操作。对于 $n=0,\cdots,N/2-1$，有

$$\hat{r}^c_{\mathrm{ACO},n}=\hat{r}_{\mathrm{ACO},n}\zeta_{\{\hat{r}_{\mathrm{ACO},n+N/2}\leqslant\hat{r}_{\mathrm{ACO},n}\}} \tag{2-34}$$

$$\hat{r}^c_{\mathrm{ACO},n+N/2}=\hat{r}_{\mathrm{ACO},n+N/2}\zeta_{\{\hat{r}_{\mathrm{ACO},n+N/2}>\hat{r}_{\mathrm{ACO},n}\}} \tag{2-35}$$

在第二次及以后的迭代中，可以采用经过成对限幅的 ACO-OFDM 信号进行检测，设经过 FFT 的 ACO-OFDM 频域信号为 $\hat{R}^c_{\mathrm{ACO},k}$，则奇数子载波上 ACO-OFDM 对应的符号可以由式 (2-36) 而不是式 (2-12) 检测得到：

$$\hat{X}_{\mathrm{ACO},k}=\arg\min_{X\in\mathcal{S}_{\mathrm{ACO}}}|X-2\hat{R}^c_{\mathrm{ACO},k}|,\ \ k=1,3,\cdots,N/2-1 \tag{2-36}$$

随后可以继续迭代，以得到 PAM-DMT 信号的下一次估计，迭代直到达到最大迭代次数时终止。与文献 [112] 中的传统接收机相比，本节提出的迭代接收机的复杂度有一定的提升，它需要一个额外的 IFFT 单元和两个成对限幅操作。然而，IFFT 模块本身的复杂度并不高，通常被集成在硬件中，而式 (2-29)、式 (2-30) 和式 (2-34)、式 (2-35) 中的成对限幅操作的实现只需要简单的比较操作，因此整个迭代接收机的复杂度相比传统接收机只有少量的增加。

2.3.2 功率分配策略

在 HACO-OFDM 中，ACO-OFDM 和 PAM-DMT 分别采用不同的调制方式，因此在相同的信噪比下它们的性能不同。具体来说，PAM-DMT 信号只使用了偶数子载波中的一个维度，因此当它与 ACO-OFDM 采用相同调制阶数时，为了达到相同的误比特率所需要的信噪比要远高于后者。另外，如果对 ACO-OFDM 和 PAM-DMT 信号分别采用不同的调制阶数，它们为达到相同性能所需的信噪比也不相同。这会导致在传输中两路信号的性能相差很大，在实际通信中会造成性能的损失。因此，本节提出 HACO-OFDM 中信号的功率分配策略。

对于采用 M_{ACO} 阶 QAM 的 ACO-OFDM 信号和采用 M_{PAM} 阶 PAM 的 PAM-DMT 信号，它们的误比特率可以由式 (2-37) 近似得出 [127]：

$$P_{\text{b,QAM}} \approx \frac{4(\sqrt{M_{\text{ACO}}}-1)}{\sqrt{M_{\text{ACO}}}\log_2(M_{\text{ACO}})} Q\left(\sqrt{\frac{3}{M_{\text{ACO}}-1}\frac{E_{\text{s}}}{N_0}}\right) \tag{2-37}$$

$$P_{\text{b,PAM}} \approx \frac{2(M_{\text{PAM}}-1)}{M_{\text{PAM}}\log_2(M_{\text{PAM}})} Q\left(\sqrt{\frac{6}{M_{\text{PAM}}^2-1}\frac{E_{\text{s}}}{N_0}}\right) \tag{2-38}$$

其中，E_{s} 为每个符号的电功率，N_0 表示噪声的功率谱密度。

对于一个给定的误比特率 P_{b}，可以通过数值算法计算出 M_{ACO}-QAM 和 M_{PAM}-PAM 所需的 E_{s}/N_0，然后 ACO-OFDM 和 PAM-DMT 的功率分配系数可以由式 (2-39) 得出：

$$\eta = \frac{\sqrt{E_{\text{s,ACO}}}}{\sqrt{E_{\text{s,ACO}}}+\sqrt{E_{\text{s,PAM}}}} \tag{2-39}$$

其中，$E_{\mathrm{s,ACO}}$ 和 $E_{\mathrm{s,PAM}}$ 分别是 ACO-OFDM 和 PAM-DMT 达到给定误比特率时所需的每符号电功率。式 (2-39) 代表了 ACO-OFDM 占信号总的光功率的比例。

2.3.3　仿真结果

本节通过仿真比较了 HACO-OFDM 传统接收机与迭代接收机的性能。仿真采用了两种不同的调制方式，分别是采用 4QAM 的 ACO-OFDM 叠加采用 4PAM 的 PAM-DMT 以及采用 16QAM 的 ACO-OFDM 叠加采用 16PAM 的 PAM-DMT。OFDM 子载波的个数设为 512，首先生成 128 个复的 QAM 信号作为 ACO-OFDM 的输入，另外生成 127 个实的 PAM 信号作为 PAM-DMT 的输入，两路信号经过 IFFT 和限幅后，叠加作为 HACO-OFDM 的传输信号进行发送。

图 2.5 和图 2.6 给出了传统接收机和迭代接收机的误比特率随归一化电信噪比 E_b/N_0 变化的性能仿真结果，其中 ACO-OFDM 和 PAM-DMT 采用均等的功率分配，与文献 [112] 中相同。在迭代接收机中，迭代

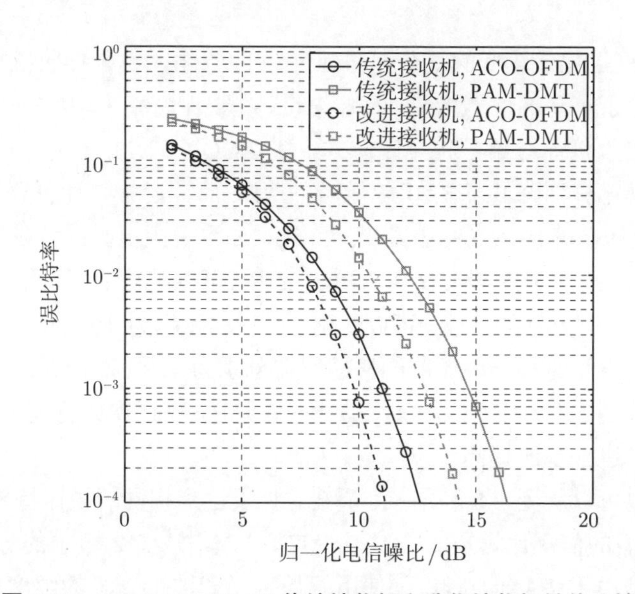

图 2.5　HACO-OFDM 传统接收机和迭代接收机性能比较

HACO-OFDM 采用 4QAM 的 ACO-OFDM 叠加采用 4PAM 的 PAM-DMT，ACO-OFDM 和 PAM-DMT 等功率分配

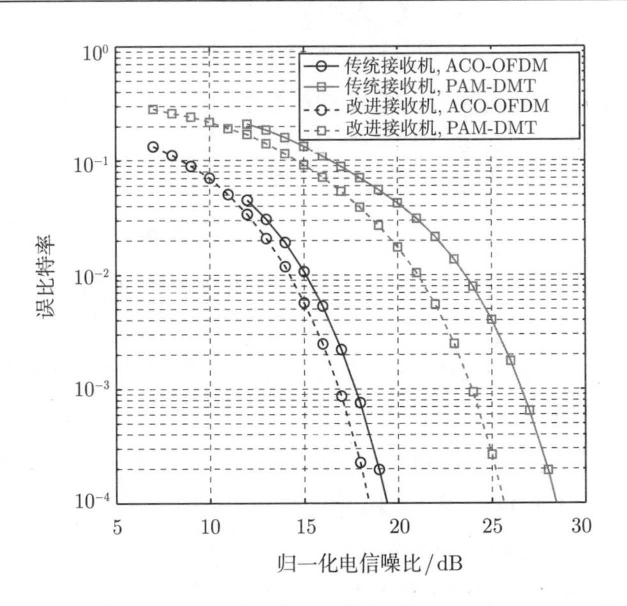

图 2.6 HACO-OFDM 传统接收机和迭代接收机性能比较

HACO-OFDM 采用 16QAM 的 ACO-OFDM 叠加采用 16PAM 的 PAM-DMT，ACO-OFDM 和 PAM-DMT 等功率分配

次数设为 2，以保证较低的复杂度和延时。可以看出，迭代接收机相比传统接收机取得了可观的性能增益。具体来讲，在误比特率为 10^{-3} 时，本节提出的迭代接收机针对第一种调制方式，使 ACO-OFDM 和 PAM-DMT 信号接收信噪比分别降低了 1.20 dB 和 1.90 dB，而针对第二种更高阶的调制方式，性能增益分别为 0.89 dB 和 2.63 dB。如果考虑更高的信噪比和更低的误比特率，此时成对限幅操作将更加准确，可以消除更多的噪声和估计误差，从而具有更好的性能。可以看出，当误比特率为 10^{-4} 时，本书提出的迭代接收机针对第一种调制的性能增益分别为 1.49 dB 和 2.04 dB，而针对第二种调制的增益分别为 0.94 dB 和 2.80 dB，相比误比特率为 10^{-3} 时的结果有了进一步的提高。

另外也可以从图 2.5 和图 2.6 看出，为了达到相同的误比特率，ACO-OFDM 所需的信噪比远小于 PAM-DMT，与本书 2.3.2 节中的分析吻合。这种差异是由于 PAM-DMT 只使用了偶数子载波上一半的维度，而且它受到的 ACO-OFDM 信号的限幅失真干扰也更大。同时，在高信噪比区域，ACO-OFDM 信号会估计得更加准确，从而成对限幅操作也会更加准确。因此，图 2.5 和图 2.6 中迭代接收机针对 ACO-OFDM 的性能增益也高于 PAM-DMT。

为了保证 HACO-OFDM 中 ACO-OFDM 和 PAM-DMT 信号在相同信噪比下具有相近的误码性能，本书还考虑了采用不均等功率分配的情形。在仿真中，目标误比特率为 $P_{\mathrm{b}}=10^{-3}$，因此根据式 (2-38) 两种调制方式对应的功率分配系数分别为 0.3942 和 0.2650。采用不均等功率分配的仿真结果如图 2.7 和图 2.8 所示。可以看出，当采用 2.3.2 节中的功率分配方案后，在误比特率为 10^{-3} 时 ACO-OFDM 和 PAM-DMT 信号所需的信噪比非常接近，这与本书之前的理论分析相吻合。同时，采用迭代接收机的系统性能也仍然优于采用传统接收机的系统性能。具体来说，在误比特率为 10^{-3} 时，本书提出的迭代接收机针对第一种调制方式，使 ACO-OFDM 和 PAM-DMT 信号接收信噪比分别降低了 1.56 dB 和 1.91 dB。而针对第二种更高阶的调制方式，性能增益分别为 2.05 dB 和 2.62 dB。而在更低的误比特率 10^{-4} 时，本书提出的迭代接收机针对第一种调制的性能增益分别为 1.78 dB 和 2.00 dB，针对第二种调制的增益分别为 2.25 dB 和 2.66 dB，相比误比特率为 10^{-3} 时的结果也有了进一步的提高。

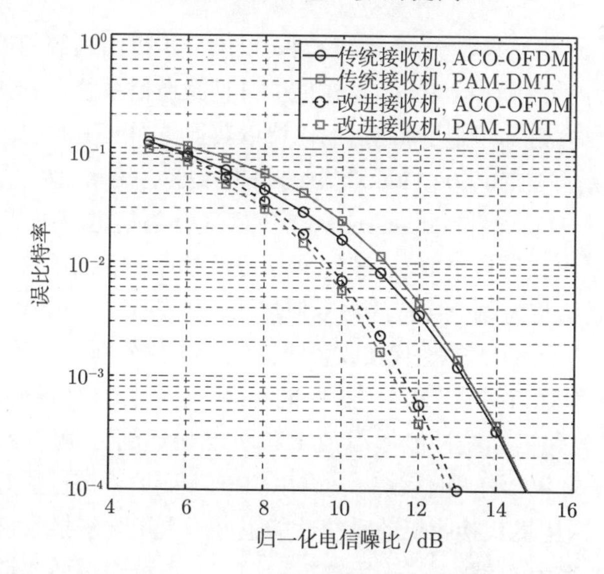

图 2.7　HACO-OFDM 传统接收机和迭代接收机性能比较

HACO-OFDM 采用 4QAM 的 ACO-OFDM 叠加采用 4PAM 的 PAM-DMT，ACO-OFDM 和 PAM-DMT 不均等功率分配，功率分配系数为 $\eta=0.3942$

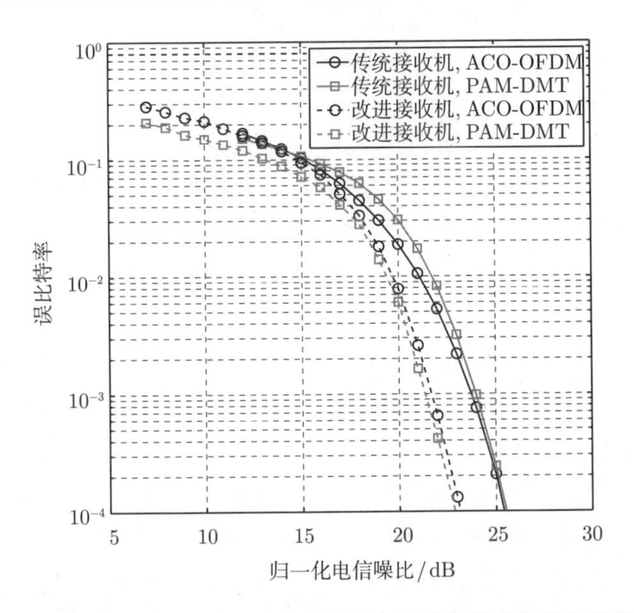

图 2.8 HACO-OFDM 传统接收机和迭代接收机性能比较

HACO-OFDM 采用 16QAM 的 ACO-OFDM 叠加采用 16PAM 的 PAM-DMT，ACO-OFDM 和 PAM-DMT 不均等功率分配，功率分配系数为 $\eta = 0.2650$

另外，信道编码通常会与调制结合，以进一步提高系统的性能，保证无差错传输。对于编码的 HACO-OFDM 可见光通信系统，信道译码器会加在每次符号检测后，利用译码后的比特以获得更加准确的估计值进行迭代。这里采用了 IEEE 802.11 标准中的码长 1296，码率 2/3 的低复杂度奇偶校验（low-density parity-check，LDPC）码作为信道编码 [128]。LDPC 的译码算法采用置信传播算法 [129]，最大迭代次数设为 10 次。LDPC 译码器的输入软信息为每个比特的对数似然比，利用 Max-Log-MAP 算法计算 [130]。HACO-OFDM 的迭代接收机中的迭代次数分别为 2 次、3 次和 4 次，功率分配系数与图 2.7 和图 2.8 中的相同。结合 LDPC 编码的 HACO-OFDM 可见光通信系统性能如图 2.9 和图 2.10 所示。可以看出，相比图 2.7 和图 2.8 中未编码的系统，结合 LDPC 编码的系统性能有了明显的提升。同时，采用迭代接收机的系统性能也好于采用传统接收机的系统性能。在误比特率为 10^{-6} 时，采用第一种调制的系统经过两次迭代后性能有 1.38 dB 的提升，当迭代次数增加到 3 次和 4 次时，性能增益分别增加到 1.66 dB 和 1.71 dB。对于第二种调制，经过 2 次、3 次和 4 次迭代后的

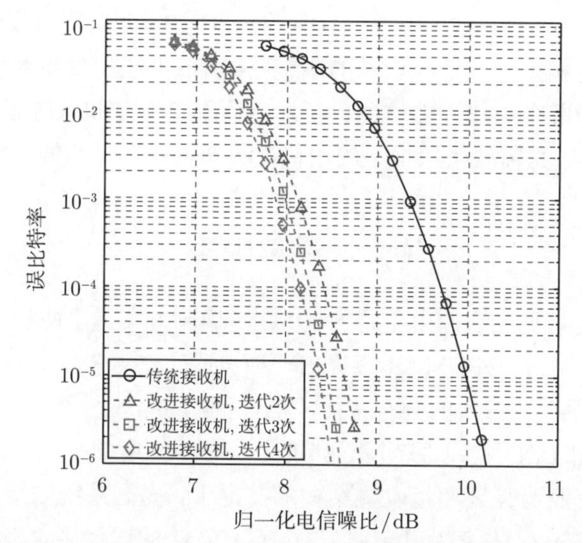

图 2.9　结合 LDPC 码的 HACO-OFDM 传统接收机和迭代接收机性能比较

HACO-OFDM 采用 4QAM 的 ACO-OFDM 叠加采用 4PAM 的 PAM-DMT，ACO-OFDM 和 PAM-DMT 不均等功率分配，功率分配系数为 $\eta = 0.3942$

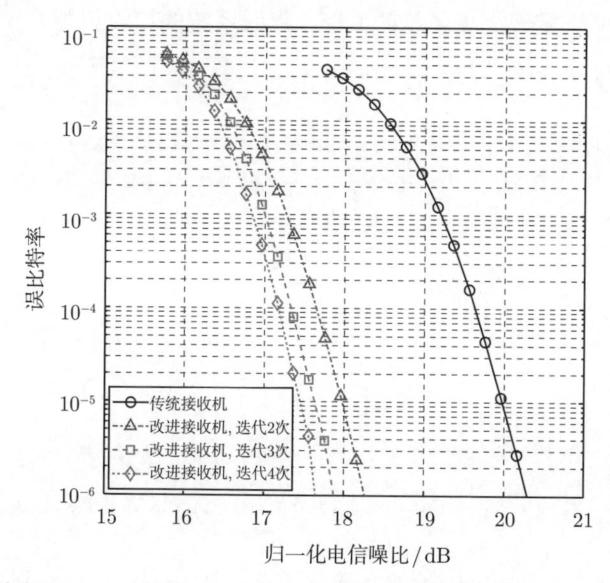

图 2.10　结合 LDPC 码的 HACO-OFDM 传统接收机和迭代接收机性能比较

HACO-OFDM 采用 16QAM 的 ACO-OFDM 叠加采用 16PAM 的 PAM-DMT，ACO-OFDM 和 PAM-DMT 不均等功率分配，功率分配系数为 $\eta = 0.2650$

系统性能增益分别为 2.03 dB、2.41 dB 和 2.64 dB。同时可以发现，采用 4 次迭代的系统相比 3 次迭代增益的系统已经不太明显，如果继续增加迭代次数，只能获取很小的性能增益，但是会造成复杂度和系统延时的增加。因此，在实际中只需要采用很小的迭代次数即可获得足够的性能增益。

2.4 本章小结

本章针对可见光通信中传统的 OFDM 调制方案提出两种算法进行性能优化。针对 DCO-OFDM，本章提出一种自适应光 OFDM，对不同 DCO-OFDM 符号根据其信号的分布特征，采用不同的缩放因子和直流偏置，更加充分地利用 LED 的线性范围。利用光功率与幅度的平均值成正比的特性，在不改变照明亮度和接收机结构的前提下，提高系统的接收性能。针对 HACO-OFDM，本章提出一种 HACO-OFDM 的迭代接收机结构，通过在时域对 ACO-OFDM 和 PAM-DMT 信号进行分离，再利用这两路信号时域的对称性，进一步消除噪声和信号间的干扰，提高了系统的接收性能。仿真结果也分别验证了这两种算法的性能，相比传统光 OFDM，本章提出的两种算法可以显著提高系统的性能，降低系统的接收门限，从而保证可见光通信的可靠传输。

第3章 高频谱效率的可见光通信调制技术研究

尽管可见光具有很宽的频谱资源，但可见光通信系统的带宽却受到收发端光学器件的限制，为了提高系统的传输速率，需要研究具有高频谱效率的调制方式。本章提出一种分层 ACO-OFDM 调制方案，将子载波分成若干层，并分别采用 ACO-OFDM 进行调制。然后将多层 ACO-OFDM 信号同时发送。相比于传统 ACO-OFDM，分层 ACO-OFDM 可以使用更多的子载波，从而提高了系统的频谱效率。同时，由于每层均为非负的 ACO-OFDM 信号，不需要使用直流偏置来保证信号的非负性，具有较高的功率效率。更进一步，本章提出一种改进的分层 ACO-OFDM 接收机，利用每层 ACO-OFDM 信号时域的对称性降低噪声和层间干扰，提高了系统的接收性能。

3.1 研究背景

第 2 章介绍了可见光通信中几种常用的光 OFDM 调制方式，其中，DCO-OFDM 可以使用所有的子载波进行调制，但是由于它需要一个很大的直流偏置，因此降低了系统的功率效率。ACO-OFDM 和 PAM-DMT 通过巧妙地使用一半的频谱资源，来保证经过 IFFT 后的时域信号具有一定的对称性，从而可以直接限幅来保证信号的非负性，而且不造成信息的损失，避免了直流偏置的引入。但是，这两种方法浪费了一半的频谱资源，频谱效率不高。文献 [112] 中提出的 HACO-OFDM 通过将调制奇数子载波的 ACO-OFDM 信号和调制偶数子载波的 PAM-DMT 叠加传输，来提高系统的频谱效率，但是它只利用了偶数子载波的虚部，偶数子载波的实部依然空置，因此还具有提升的空间。

另外，文献 [89] 提出了一种 ADO-OFDM 调制，可以利用所有的子载波进行传输。在 ADO-OFDM 中，ACO-OFDM 信号和 DCO-OFDM 信号同时发送，其中 DCO-OFDM 中只有偶数子载波才被调制，它经过 IFFT 得到的时域信号满足

$$y_{\text{DCO},n} = y_{\text{DCO},n+N/2}, \quad n = 0, 1, \cdots, N/2-1 \tag{3-1}$$

在加上直流偏置 I_{bias} 后，剩余的负信号被置为零，可以得到 DCO-OFDM 发送信号

$$\lfloor y_{\text{DCO},n} \rfloor_c = y_{\text{DCO},n} + i_{\text{DCO},n} + I_{\text{bias}}, \quad n = 0, 1, \cdots, N-1 \tag{3-2}$$

其中，$i_{\text{DCO},n}$ 为 DCO-OFDM 的限幅失真。由于信号 $y_{\text{DCO},n}$ 具有式 (3-1) 的对称性，因此限幅失真也满足

$$i_{\text{DCO},n} = i_{\text{DCO},n+N/2}, \quad n = 0, 1, \cdots, N/2-1 \tag{3-3}$$

当经过 FFT 变换后，DCO-OFDM 的限幅失真也只会落在偶数子载波上，从而不会影响奇数子载波上的 ACO-OFDM 信号。将 ACO-OFDM 和 DCO-OFDM 信号叠加后，ADO-OFDM 的时域信号可写为

$$z_n = \lfloor x_{\text{ACO},n} \rfloor_c + y_{\text{DCO},n}, \quad n = 0, 1, \cdots, N-1 \tag{3-4}$$

由于 ACO-OFDM 和 DCO-OFDM 的信号均非负，合并的信号 z_n 也满足非负的性质，可以直接用于强度调制。

在接收端，设接收信号为 $r_n = z_n + w_n, n = 0, 1, \cdots, N-1$，其中 w_n 为高斯白噪声。经过 FFT 后频域符号可写为 $R_k = Z_k + W_k, k = 0, 1, \cdots, N-1$。由于 ACO-OFDM 和 DCO-OFDM 的限幅失真都落在偶数子载波上，因此奇数子载波上 ACO-OFDM 对应的符号可以经过 FFT 后优先被检测出来 [89]：

$$\hat{X}_{\text{ACO},k} = \arg \min_{X \in \mathcal{S}_{\text{ACO}}} |X - 2R_k|, \quad k = 1, 3, \cdots, N/2-1 \tag{3-5}$$

其中，$\mathcal{S}_{\text{ACO}}$ 表示 ACO-OFDM 中所用的星座集合。

当检测出 ACO-OFDM 中奇数子载波上的符号后，可以利用式 (2-2) 和式 (2-7) 估计发送的 ACO-OFDM 时域信号，记为 $\lfloor \hat{x}_{\mathrm{ACO},n} \rfloor_c$。因此，ACO-OFDM 在偶数子载波上的限幅失真可以通过对 $\lfloor \hat{x}_{\mathrm{ACO},n} \rfloor_c$ 做 FFT 由式 (2-13) 计算得出。当解调偶数子载波上的 DCO-OFDM 符号时，需要先去除 ACO-OFDM 引入的限幅失真 $\hat{I}_{\mathrm{ACO},k}$，因此 DCO-OFDM 的符号可以由式 (3-6) 检测：

$$\hat{Y}_{\mathrm{DCO},k} = \arg\min_{Y \in \mathcal{S}_{\mathrm{DCO}}} |Y - 2(R_k - \hat{I}_{\mathrm{ACO},k})|, \ \ k = 2, 4, \cdots, N/2-2 \tag{3-6}$$

其中，$\mathcal{S}_{\mathrm{DCO}}$ 表示 DCO-OFDM 中所用的星座集合。

虽然 ADO-OFDM 将所有的子载波资源用于信号的传输，但是由于偶数子载波上使用 DCO-OFDM，它继承了 DCO-OFDM 高功率的缺点。

3.2　分层 ACO-OFDM

为了提高可见光通信的频谱效率，本节提出一种分层 ACO-OFDM 调制方案，它可以利用所有的子载波资源，同时非对称限幅可以应用于每层信号中，因此不需要直流偏置。

3.2.1　分层 ACO-OFDM 发射机

传统 ACO-OFDM 的时域信号可以写作 $\lfloor x^{(1)}_{\mathrm{ACO},n} \rfloor_c$, $n = 0, 1, \cdots, N-1$，这里将其定义为第 1 层 ACO-OFDM，其中的上标代表层数。在第 1 层 ACO-OFDM 中，只有奇数的子载波被使用。

进一步，如果考虑一个 OFDM 符号，只有它的偶数子载波被调制，那么它的时域信号为

$$\begin{aligned} x_n &= \frac{1}{\sqrt{N}} \sum_{k=0}^{N/2-1} X_{2k} \exp\left(\mathrm{j}\frac{2\pi}{N} n \cdot 2k\right) \\ &= \frac{\sqrt{2}}{2} \frac{1}{\sqrt{N/2}} \sum_{k'=0}^{N/2-1} X^{(2)}_{k'} \exp\left(\mathrm{j}\frac{2\pi}{N/2} nk'\right) \\ &= \frac{\sqrt{2}}{2} x^{(2)}_{\mathrm{mod}(n,N/2)}, \ \ n = 0, 1, \cdots, N-1 \end{aligned} \tag{3-7}$$

其中，令 $k'=2k$，$x_n^{(2)}$ 表示 $X_{k'}^{(2)}$ 的 $N/2$ 点 IFFT 结果，$\mathrm{mod}(\cdot,N)$ 表示基于 N 的求余运算。

可以看出式 (3-7) 中的 x_n 是周期性的，它可以通过长度为 $N/2$ 的信号 $x_n^{(2)}$ 扩展得到。如果只使用 $X_{k'}^{(2)}$ 中编号为奇数的子载波，即 $X_{2(2k+1)}$, $k=0,1,\cdots,N/4-1$，那么它对应的时域信号 $x_n^{(2)}$, $n=0,1,\cdots,N/2-1$ 也满足与传统 ACO-OFDM 类似的对称性，即

$$x_{\mathrm{ACO},n}^{(2)}=-x_{\mathrm{ACO},n+N/4}^{(2)},\quad n=0,1,\cdots,N/4-1 \tag{3-8}$$

因此，与 ACO-OFDM 一样，也可以将 $x_{\mathrm{ACO},n}^{(2)}$ 中负的信号直接置零，而不会造成信息的损失。经过非对称限幅后，将得到的信号 $\left\lfloor x_{\mathrm{ACO},n}^{(2)}\right\rfloor_c$ 记为第 2 层 ACO-OFDM，其中

$$\left\lfloor x_{\mathrm{ACO},n}^{(2)}\right\rfloor_c=\left\lfloor x_{\mathrm{ACO},\mathrm{mod}(n,N/2)}^{(2)}\right\rfloor_c,\quad n=0,1,\cdots,N-1 \tag{3-9}$$

与传统 ACO-OFDM 类似的是，当将 $\left\lfloor x_{\mathrm{ACO},n}^{(2)}\right\rfloor_c$ 变换到频域时，它的限幅失真也只落在 $X_{k'}^{(2)}\,(k'=0,1,\cdots,N/2-1)$ 对应的偶数子载波，也就是传统 ACO-OFDM 中编号为 $4k(k=0,1,\cdots,N/4-1)$ 的子载波上。因此，可以利用这种方式得到一个新的 ACO-OFDM 信号，它只占用了一半的偶数子载波。同时，第 2 层 ACO-OFDM 的有用信号和限幅失真都落在偶数子载波上，因此不会影响到第 1 层 ACO-OFDM 中的有用信号。如果将第 1 层和第 2 层 ACO-OFDM 信号同时发送，那么可以利用 3/4 的子载波，从而在相同调制阶数时相比传统 ACO-OFDM 有 50% 的频谱效率提升。

在第 2 层 ACO-OFDM 中，只有一半的偶数子载波被用来调制，也就是 $N/4$ 个子载波。编号为 $4k(k=0,1,\cdots,N/4-1)$ 的子载波仍然没有被占用，因此可以用来进一步传输信号，以提高频谱效率。与前面的推导类似，定义第 l 层 ACO-OFDM$(0<l<\log_2 N)$ 如下。考虑一个 OFDM 符号，只有编号为 $2^{l-1}k(k=0,1,\cdots,N/2^{l-1}-1)$ 的子载波被调制，那么有

$$\begin{aligned}x_n&=\frac{1}{\sqrt{N}}\sum_{k=0}^{N/2^{l-1}-1}X_{2^{l-1}k}\exp\left(\mathrm{j}\frac{2\pi}{N}n\cdot 2^{l-1}k\right)\\&=\frac{1}{\sqrt{2^{l-1}}}\frac{1}{\sqrt{N/2^{l-1}}}\sum_{k'=0}^{N/2^{l-1}-1}X_{k'}^{(l)}\exp\left(\mathrm{j}\frac{2\pi}{N/2^{l-1}}nk'\right)\end{aligned}$$

$$= \frac{1}{\sqrt{2^{l-1}}} x^{(l)}_{\mathrm{mod}(n,N/2^{l-1})},\ \ n = 0, 1, \cdots, N-1 \tag{3-10}$$

其中，令 $k' = 2^{l-1}k$，$x^{(l)}_{\mathrm{mod}(n,N/2^{l-1})}$ 表示 $X^{(l)}_{k'}$ 的 $N/2^{l-1}$ 点 IFFT 结果。可以看出式 (3-10) 中的 x_n 也呈现周期性的特征，它可以通过长度为 $N/2^{l-1}$ 的 $x^{(l)}_n$ 扩展得到。第 l 层 ACO-OFDM 信号 $\left\lfloor x^{(l)}_{\mathrm{ACO},n} \right\rfloor_c$ 可以通过调制 $X^{(l)}_{k'}$ 中编号为奇数的子载波实现，其中有 $N/2^l$ 个子载波被使用。同样地，有

$$\left\lfloor x^{(l)}_{\mathrm{ACO},n} \right\rfloor_c = \left\lfloor x^{(l)}_{\mathrm{ACO},\mathrm{mod}(n,N/2^{l-1})} \right\rfloor_c,\ \ n = 0, 1, \cdots, N-1 \tag{3-11}$$

$\left\lfloor x^{(l)}_{\mathrm{ACO},n} \right\rfloor_c$ 的有用信号和限幅失真都落在符号 $X^{(l)}_{k'}$ 对应的子载波上，即传统 ACO-OFDM 中编号为 $2^{l-1}k(k = 0, 1, \cdots, N/2^{l-1} - 1)$ 的子载波。通过这样的方式，可以生成不同层的 ACO-OFDM 信号，每一层 ACO-OFDM 信号占用不同的子载波，并且第 l 层 ACO-OFDM 信号不会影响到前面 $1 \sim l-1$ 层的信号。

本节提出的分层 ACO-OFDM 将不同层的 ACO-OFDM 信号在时域结合同时传输以提高系统的频谱效率，一个 L 层的分层 ACO-OFDM 时域信号可写为

$$x_{L-\mathrm{ACO},n} = \sum_{l=1}^{L} \left\lfloor x^{(l)}_{\mathrm{ACO},n} \right\rfloor_c = \sum_{l=1}^{L} \left(x^{(l)}_{\mathrm{ACO},n} + i^{(l)}_{\mathrm{ACO},n} \right),\ n = 0, 1, \cdots, N-1 \tag{3-12}$$

其中，$x^{(l)}_{\mathrm{ACO},n}$ 和 $i^{(l)}_{\mathrm{ACO},n}$ 分别表示第 l 层 ACO-OFDM 限幅前的信号和其对应的限幅失真。这个 L 层分层 ACO-OFDM 使用的子载波数为

$$N_{L\text{-ACO}} = \sum_{l=1}^{L} N/2^l = (1 - 1/2^L)N \tag{3-13}$$

也就是传统 ACO-OFDM 的 $(2-1/2^{L-1})$ 倍。当每个子载波使用相同的调制阶数，且层数达到最大值 $L = \log_2 N - 1$，也就是与 DCO-OFDM 使用同样多的子载波时，对应的分层 ACO-OFDM 的频谱效率是传统 ACO-OFDM 的 $(2 - 4/N)$ 倍，在 N 很大时趋近 2。

一个简单的分层 ACO-OFDM 发射机框架如图 3.1 所示，其中省略了星座映射、厄米对称、循环前缀及串并转换等模块。经过比特到符号的映

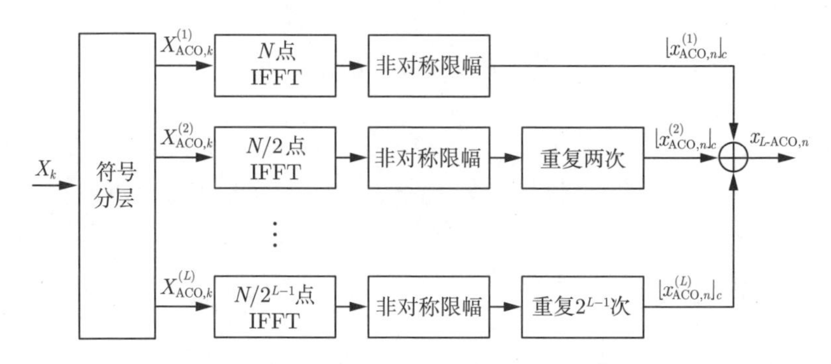

图 3.1 分层 ACO-OFDM 发射机框架

射后，符号首先被分为 L 个数据流，用于分层传输。在第 l 层 ACO-OFDM 中，只有编号为 $2^{l-1}(2k+1)(k=0,1,\cdots,N/2^{l-1})$ 被使用，保证了不同层使用不同的子载波。由于式 (3-10) 中信号的周期性，第 l 层 ACO-OFDM 可以利用 $N/2^{l-1}$ 点的 IFFT 来实现，当得到长度为 $N/2^{l-1}$ 的信号后，将其复制 2^{l-1} 次，以得到所需要的长度为 N 的信号。随后，L 层的 ACO-OFDM 信号在时域上进行叠加并同时传输。由于在每层 ACO-OFDM 中都采用了非对称限幅，叠加后的分层 ACO-OFDM 信号也是非负的，所以在进行强度调制时不再需要直流偏置。

3.2.2 分层 ACO-OFDM 接收机

在接收端，散弹噪声和热噪声通常被建模为高斯噪声，接收信号可写为

$$r_n = x_{L\text{-ACO},n} + w_n,\ \ n=0,1,\cdots,N-1 \tag{3-14}$$

其中，w_n 为噪声的采样值。在去除循环前缀后，接收信号被送入 FFT 模块，得到频域信号

$$R_k = X_{L\text{-ACO},k} + W_k,\ \ k=0,1,\cdots,N-1 \tag{3-15}$$

在分层 ACO-OFDM 中，不同层的 ACO-OFDM 占用不同的子载波用于信息传输。但是，由于在发射端每层信号使用非对称限幅操作引入了限幅失真，每层信号的限幅失真落入各自对应的偶数子载波上，这会干扰高层 ACO-OFDM 中的有用信号。对于第 l 层 ACO-OFDM，它的限幅失真落在编号为 $2^{l-1}(2k+1)(k=0,1,\cdots,N/2^{l}-1)$ 的子载波上，而这正是第

$l+1$ 层 ACO-OFDM 所使用的子载波。因此，只有将低层 ACO-OFDM 会产生的限幅失真消除后，才能够解调高层 ACO-OFDM 中的符号。本节提出一种分层 ACO-OFDM 的接收机结构。

分层 ACO-OFDM 的接收机框架如图 3.2 所示，其中省略了去除循环前缀以及串并转换的模块。对于第 l 层 ACO-OFDM 信号，设其对应的频域接收信号和限幅失真分别为 $\hat{R}_{\mathrm{ACO},k}^{(l)}$ 和 $\hat{I}_{\mathrm{ACO},k}^{(l)}$，其中 $k=0,1,\cdots,N/2^{l-1}-1$。对于第 1 层 ACO-OFDM 信号，它的发送符号可以直接通过对奇数子载波上的信号 R_k 判断得到，这里记 $\hat{R}_{\mathrm{ACO},k}^{(1)}=R_k$，并且有

$$\hat{X}_{\mathrm{ACO},k}^{(1)}=\arg\min_{X\in\mathcal{S}_{\mathrm{ACO}}}|X-2\hat{R}_{\mathrm{ACO},k}^{(1)}|,\ \ k=1,3,\cdots,N/2-1 \tag{3-16}$$

其中，$\mathcal{S}_{\mathrm{ACO}}$ 表示采用的星座集合。

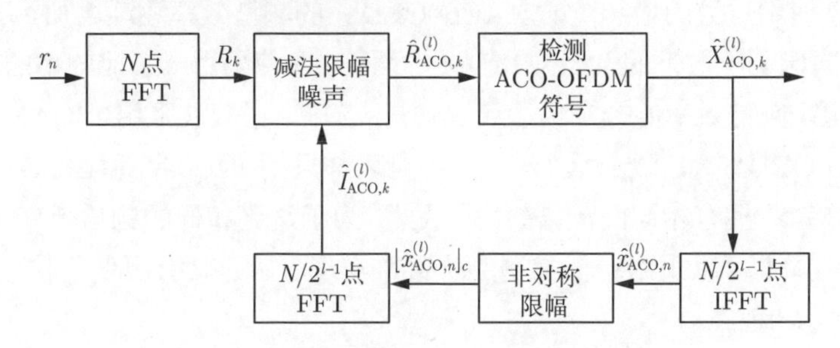

图 3.2　分层 ACO-OFDM 接收机框架

在此可以利用 $\hat{X}_{\mathrm{ACO},k}^{(1)}$ 重构出第 1 层 ACO-OFDM 的发送信号 $\left\lfloor\hat{x}_{\mathrm{ACO},n}^{(1)}\right\rfloor_c$，将其做 FFT 后，可以获得它对应的限幅失真 $\hat{I}_{\mathrm{ACO},k}^{(1)}$。然后将这部分的限幅失真从接收信号的偶数子载波上去除，从而可以用于第 2 层 ACO-OFDM 信号的检测。

对于第 l 层 ACO-OFDM 信号的检测，需要首先去除第 $1\sim l-1$ 层 ACO-OFDM 中的所有限幅失真，然后用于第 l 层 ACO-OFDM 信号检测的接收频域信号为

$$\begin{aligned}\hat{R}_{\mathrm{ACO},k}^{(l)}&=R_{2^{l-1}k}-\sum_{m-1}^{l-1}\hat{I}_{\mathrm{ACO},2^{l-m}k}^{(m)}\\&=\hat{R}_{\mathrm{ACO},2k}^{(l-1)}-\hat{I}_{\mathrm{ACO},2k}^{(l-1)},\ \ k=0,1,\cdots,N/2^{l-1}-1\end{aligned} \tag{3-17}$$

可以看出，对于每一层的检测，只需要一次减法操作。与式 (3-16) 类似，第 l 层 ACO-OFDM 上的发送符号可以由式 (3-18) 检测：

$$\hat{X}_{\mathrm{ACO},k}^{(l)} = \arg\min_{X\in\mathcal{S}_{\mathrm{ACO}}} |X - 2\hat{R}_{\mathrm{ACO},k}^{(l)}|,\ \ k=1,3,\cdots,N/2^{l-1}-1 \tag{3-18}$$

因此，分层 ACO-OFDM 的接收可以按照图 3.2 中回代的形式实现。

3.2.3 性能分析

图 3.3 比较了 ACO-OFDM 和本节提出的分层 ACO-OFDM 的频谱效率，其中忽略了循环前缀的影响。可以看出，当子载波都采用相同的调制阶数时，分层 ACO-OFDM 相比传统 ACO-OFDM 的频谱效率有了很大的提升。随着使用层数的增加，分层 ACO-OFDM 的频谱效率逐渐增加，并最终接近相同调制阶数下的 ACO-OFDM 的两倍。即使采用一个比较小的层数，比如 4 层，频谱效率的提升也达到 87.5%。当每个子载波采用 16QAM 时，2 层 ACO-OFDM 和 3 层 ACO-OFDM 可以与采用 64QAM 和 128QAM 的 ACO-OFDM 拥有相同的频谱效率。因此，为了达到相同的频谱效率，分层 ACO-OFDM 可以采用更低的调制阶数来实现，从而具有更低的接收门限和实现复杂度。

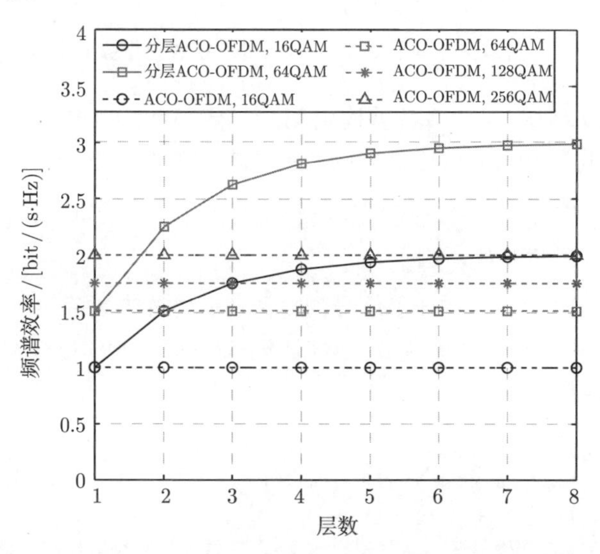

图 3.3 ACO-OFDM 和分层 ACO-OFDM 的频谱效率比较

为了保证不同层 ACO-OFDM 中的信息比特具有相近的误码性能，每层采用的调制阶数和携带信息的子载波上的平均功率应当相同。在第 1 层 ACO-OFDM 中，发送符号的检测可以通过直接对接收信号做 FFT 得到，在检测过程中它的符号只受到接收端噪声的影响。但是在其他层的 ACO-OFDM 中，信号除了受到噪声的影响之外，还会受到低层 ACO-OFDM 的估计误差的干扰，因此会降低信号的性能。而且这种误差的累加会逐渐造成高层 ACO-OFDM 性能变差。不过，当信噪比较高时，低层 ACO-OFDM 的限幅失真估计变得更加准确，因此高层 ACO-OFDM 的性能会更加接近第 1 层 ACO-OFDM，后面的仿真也验证了这个结果。

图 3.4 比较了 ACO-OFDM 和本节提出的分层 ACO-OFDM 的峰值平均功率比（peak to average power ratio，PAPR），简称峰均比，并以互补累计分布函数（complementary cumulative distribution function，CCDF）的形式给出。可以看出相比传统的 ACO-OFDM，分层 ACO-OFDM 具有更低的峰均比，这是由于多层信号的叠加增加了信号的平均功率，而对峰值功率的增加则没有那么大。同时，随着层数的增多，分层 ACO-OFDM 的峰均比也逐渐降低。因此，分层 ACO-OFDM 对 LED 的非线性也具有更高的鲁棒性。

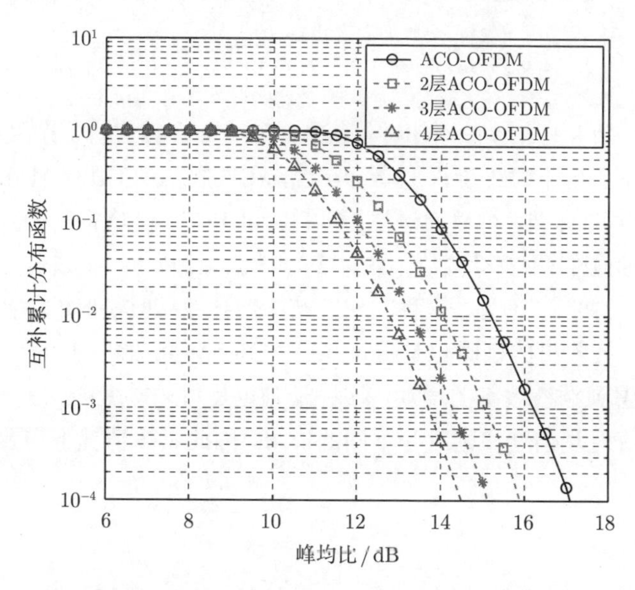

图 3.4　ACO-OFDM 和分层 ACO-OFDM 的峰均比性能比较

3.2.4 复杂度分析

本节分析分层 ACO-OFDM 的复杂度。在发射端，传统 ACO-OFDM 只需要一个长度为 N 的 IFFT 模块，其复杂度可写为 $O(N\log_2 N)$[131]。在层数为 L 的分层 ACO-OFDM 中，不同层的 ACO-OFDM 采用不同大小的 IFFT，它的复杂度是将这 L 个 IFFT 相加，因此复杂度增加到 $\sum_{l=1}^{L} O[N/2^{l-1}\log_2(N/2^{l-1})] \approx (2-1/2^{L-1})\,O(N\log_2 N)$。从这里可以看出，分层 ACO-OFDM 的复杂度不到传统 ACO-OFDM 的两倍。考虑到如果子载波采用同样的调制阶数，分层 ACO-OFDM 的频谱效率为传统 ACO-OFDM 的 $(2-1/2^{L-1})$ 倍，因此这里复杂度的增加是与频谱效率的增加一致的。另外，由于分层 ACO-OFDM 中各层的信号同时利用 IFFT 进行计算后再叠加，因此不会造成延时的增加。另一种选择是对所有 L 层 ACO-OFDM 都采用同一个 N 点 IFFT 模块来进行计算，那么它的复杂度可以与传统 ACO-OFDM 相同，但是由于此时需要串行实现，会带来 L 倍的时间延迟，因此在本书中没有考虑这种方法。

在接收端，传统 ACO-OFDM 只需要一个长度为 N 的 FFT 模块，因此它的复杂度仍然是 $O(N\log_2 N)$。在层数为 L 的分层 ACO-OFDM 中，它的计算复杂度为 $O(N\log_2 N)+2\sum_{l=1}^{L-1} O\left[N/2^{l-1}\log_2(N/2^{l-1})\right] \approx (5-1/2^{L-3})\,O(N\log_2 N)$，不超过传统 ACO-OFDM 接收机复杂度的 5 倍。在硬件实现时，由于每一步只能串行实现，在低层 ACO-OFDM 解出后才能进行下一层的解调，可以通过复用 FFT 和 IFFT 模块将复杂度降为传统 ACO-OFDM 的两倍，其中低阶的 FFT/IFFT 计算可以通过补零来使用 N 点的 FFT/IFFT。但是，这种回代的结构会导致接收延时的增加，分层 ACO-OFDM 接收机的延时也是传统 ACO-OFDM 接收机的 $(5-1/2^{L-3})$ 倍，但是考虑到频谱效率的增加，这种延时也是可以接受的。在实际情况下，不同系统对复杂度和延时有不同的要求，因此具体情况下需要对这两者进行折中。

3.2.5 仿真结果

本节通过仿真验证了分层 ACO-OFDM 的性能。仿真采用的 FFT/IFFT

的大小为 512。在每层 ACO-OFDM 的子载波上都采用 16QAM 星座映射，并且每个调制的子载波上的符号平均功率相同。图 3.5 给出了 4 层 ACO-OFDM 的仿真性能结果，其中每层 ACO-OFDM 的误比特率分别给出。可以看出，利用 3.2.2 节中的接收算法，每层 ACO-OFDM 上的符号都可以成功地判决出来。在相同的归化电信噪比下，误比特率随着层数的增加而增加，这是由于高层 ACO-OFDM 信号会受到低层估计误差的影响。但是也可以看出，当信噪比增大时，低层信号的误比特率逐渐减小，这导致后面对限幅失真估计时的误差也逐渐减小，因此不同层 ACO-OFDM 的性能差异逐渐减小。当考虑可以正常通信的误比特率时，例如小于 10^{-3} 时，这几条曲线已经接近重合。这个结果也与前面 3.2.3 节的分析相吻合。

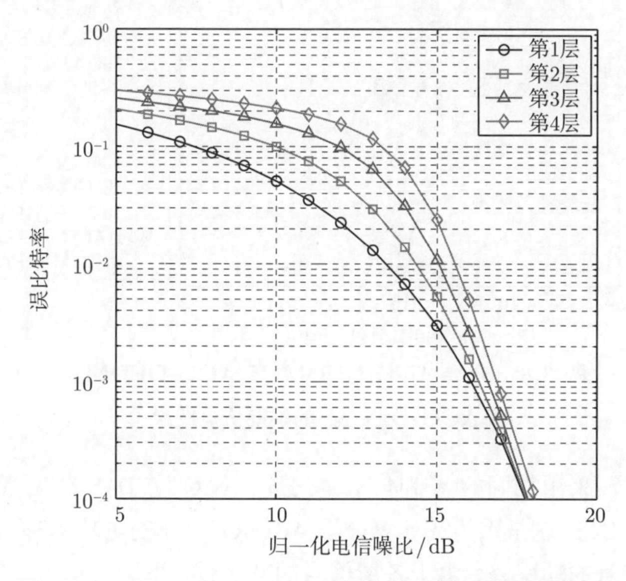

图 3.5　4 层 ACO-OFDM 中各层信号的性能仿真结果

另外，本节也仿真了采用不同层的分层 ACO-OFDM 的误码性能，并计算了所有层的传输比特的总误比特率，并将其与相同频谱效率的 ACO-OFDM 和 HACO-OFDM 进行了比较，仿真结果如图 3.6 所示。在分层 ACO-OFDM 中，所有调制的子载波都采用 16QAM 星座映射，层数分别为 2 层、3 层和 4 层，其对应的频谱效率分别为 1.5 bit/(s·Hz)，1.75 bit/(s·Hz) 和 1.875 bit/(s·Hz)。同时也仿真了采用三种不同调制阶数的 ACO-OFDM，分别采用 16QAM、64QAM 和 128QAM 星座映射，对应的频谱效率分别为

1 bit/(s·Hz)，1.5 bit/(s·Hz) 和 1.75 bit/(s·Hz)。在 HACO-OFDM 中考虑了采用 16QAM 的 ACO-OFDM 叠加采用 4PAM 的 PAM-DMT 以及 16QAM 的 ACO-OFDM 叠加采用 8PAM 的 PAM-DMT, 它们对应的频谱效率分别为 1.5 bit/(s·Hz) 和 1.75 bit/(s·Hz)。HACO-OFDM 中的光功率分配系数来自文献 [112]，在两种调制方式中分配到 ACO-OFDM 信号上的功率比例分别为 0.6 和 0.4。

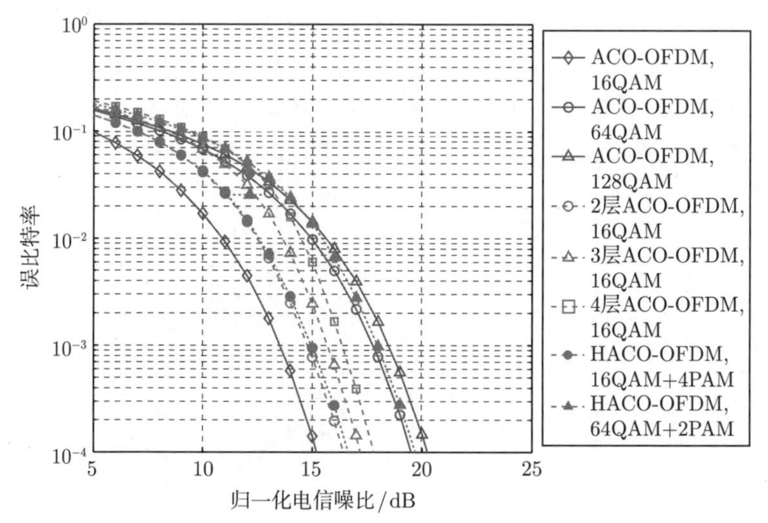

图 3.6 分层 ACO-OFDM 与 ACO-OFDM，HACO-OFDM 的性能仿真结果

当子载波采用相同的调制阶数时，分层 ACO-OFDM 的性能要差于传统 ACO-OFDM。这是因为在计算分层 ACO-OFDM 的电功率时，除了需要考虑各层信号的功率外，由于各层信号的非负性，不同层信号之间的交叉项也不为零，因此每层信号实际的电功率会小于传统的 ACO-OFDM。当调制阶数为 16QAM，误比特率为 10^{-4} 时，采用 2 层、3 层和 4 层的分层 ACO-OFDM 相比传统 ACO-OFDM 分别有 1.2 dB、2.0 dB 和 2.6 dB 的性能损失，但是由图 3.3 可以看出，由于分层 ACO-OFDM 利用了更多的子载波，它的频谱效率分别有 50%、75% 和 87.5% 的提高。

当在相同频谱效率下比较分层 ACO-OFDM 与 ACO-OFDM 和 HACO-OFDM 的性能时，可以发现分层 ACO-OFDM 的性能要明显优于 ACO-OFDM 的性能，而且也好于 HACO-OFDM。其中，对于 2 层 ACO-OFDM，其频谱效率为 1.5 bit/(s·Hz)，在误比特率为 10^{-4} 时，它的性能要比具有相同频谱效率采用 64QAM 的 ACO-OFDM 高 3.1 dB，并且也略高于具有相同频谱效率的叠加采用 16QAM 的 ACO-OFDM 和采用 4PAM 的 PAM-DMT 得到的 HACO-OFDM。对于 3 层 ACO-OFDM，其频谱效率为 1.75 bit/(s·Hz)，在误比特率为 10^{-4} 时，它的性能要比具有相同频谱效率采用 128QAM 的 ACO-OFDM 高 3.1 dB。即使和相同频谱效率的叠加采用 16QAM 的 ACO-OFDM 和采用 8PAM 的 PAM-DMT 得到的 HACO-OFDM 相比，性能增益也有 1.77 dB。另外对于 4 层 ACO-OFDM，它的频谱效率比采用 128QAM 调制的 ACO-OFDM 高 0.125 bit/(s·Hz)，同时它的性能也比后者高 2.4 dB。

3.3　改进的接收机设计

尽管 3.2.2 节中提出的接收机算法比较简单直接，但是它没有利用各层 ACO-OFDM 信号的时域对称性，限制了它的性能。本节针对分层 ACO-OFDM 提出一种改进的接收机，通过将每层 ACO-OFDM 在时域分离分别处理，以进一步提高系统的接收性能。

3.3.1　改进的接收机设计

首先，将每层 ACO-OFDM 信号从时域上进行分离。与式 (3-16) 相同，第 1 层 ACO-OFDM 的时域信号可以重构为

$$\hat{r}_n^{(1)} = \left\lfloor \sum_{k=0}^{N-1} \hat{X}_{\mathrm{ACO},k}^{(1)} \exp\left(\mathrm{j}\frac{2\pi}{N}nk\right) \right\rfloor_c, \quad n = 0, 1, \cdots, N-1 \tag{3-19}$$

其中，$\hat{X}_{\mathrm{ACO},k}^{(1)} = \left(\hat{X}_{\mathrm{ACO},N-k}^{(1)}\right)^*$ 满足厄米对称。

随后，将重构的第 1 层 ACO-OFDM 信号 $\hat{r}_n^{(1)}$ 从接收信号 r_n 中去除，剩余的信号记为

$$\tilde{r}_n^{(2)} = r_n - \hat{r}_n^{(1)}, \quad n = 0, 1, \cdots, N-1 \tag{3-20}$$

式 (3-20) 可以看作第 $2 \sim l$ 层 ACO-OFDM 时域信号的和。由于信号 $\hat{r}_n^{(1)}$ 包含的第 1 层 ACO-OFDM 的有用信号及其限幅失真都已经被去除，因此第 2 层 ACO-OFDM 信号可以直接利用 FFT 后的频域符号检测出来。

当第 $1 \sim l-1\,(l>1)$ 层 ACO-OFDM 上的符号都被检测之后，将它们所有的重构时域信号都从原始接收信号 r_n 中去除，有

$$\tilde{r}_n^{(l)} = r_n - \sum_{m=1}^{l-1} \hat{r}_n^{(m)} = \tilde{r}_n^{(l-1)} - \hat{r}_n^{(l-1)},\ \ n = 0, 1, \cdots, N-1 \tag{3-21}$$

这里定义 $\tilde{r}_n^{(1)} = r_n$，被重构的第 l 层 ACO-OFDM 时域信号为

$$\hat{r}_n^{(l)} = \left\lfloor \sum_{k=0}^{N-1} \hat{X}_{\mathrm{ACO},k}^{(l)} \exp\left(\mathrm{j}\frac{2\pi}{N} n \cdot 2^{l-1} k\right) \right\rfloor_c,\ \ n = 0, 1, \cdots, N-1 \tag{3-22}$$

随后，第 l 层 ACO-OFDM 上的符号可以利用 $\tilde{r}_n^{(l)}$ 的 FFT 直接检测得出。可以看出对于 L 层的分层 ACO-OFDM，当 $l < L$ 时 $\tilde{r}_n^{(l)}$ 包含了不止一层的 ACO-OFDM 信号。但是，$\tilde{r}_n^{(L)}$ 却只包含了第 L 层 ACO-OFDM 的信息，这是由于前面 $1 \sim L-1$ 层的时域信号都已经被去除。因此可以利用第 L 层 ACO-OFDM 的结构进一步提高接收机的性能。

设只包含第 l 层 ACO-OFDM 的接收信号为

$$\bar{r}_n^{(l)} = \left\lfloor x_n^{(l)} \right\rfloor_c + w_n + e_n^{(l)} \tag{3-23}$$

其中，$e_n^{(l)}$ 为其他层对第 l 层的干扰信号，根据中心极限定理它服从高斯分布，而且有 $\bar{r}_n^{(L)} = \tilde{r}_n^{(L)}$。在第 l 层 ACO-OFDM 中，根据式 (3-11) 可以看出传输的信号具有周期性。另外，由于采用了非对称限幅，信号对 $\left\lfloor x_n^{(l)} \right\rfloor_c$ 和 $\left\lfloor x_{n+N/2^l}^{(l)} \right\rfloor_c$ 必定有一个为零，另一个非负。因此，可以根据 $\bar{r}_n^{(l)}$ 估计出为零的一项，并将它先置零再进行下一步检测，从而可以降低噪声和层间干扰。在 2.3.1 节中采用成对限幅的方法来完成这一步操作，但是由于分层 ACO-OFDM 结构的特殊性，对于第 l 层 ACO-OFDM 信号，有

$$\bar{r}_{n,c}^{(l)} = \begin{cases} \bar{r}_n^{(l)} \zeta_{H(n')}, & n' \leqslant N/2^l \\ \bar{r}_n^{(l)} \left(1 - \zeta_{H(n'-N/2^l)}\right), & n' > N/2^l \end{cases} \tag{3-24}$$

其中，$n' = \mathrm{mod}(n, N/2^{l-1})$，$\zeta_{\{A\}}$ 是一个指示函数，当事件 A 成立时有 $\zeta_{\{A\}} = 1$，反之 $\zeta_{\{A\}} = 0$。函数 $H(n')$ 定义为

$$H(n'): \sum_{m=0}^{2^{l-1}-1} \bar{r}_{n'+mN/2^{l-1}}^{(l)} \leqslant \sum_{m=0}^{2^{l-1}-1} \bar{r}_{n'+N/2^l+mN/2^{l-1}}^{(l)} \tag{3-25}$$

由于 $\bar{r}_n^{(L)}$ 可以首先获得，因此成对限幅操作首先被应用于第 L 层 ACO-OFDM 信号上。随后，经过成对限幅的信号被用于解调第 L 层 ACO-OFDM 符号，以获得更加准确的判断结果。然后再利用这些判决的符号，重构出第 L 层 ACO-OFDM 的时域信号。

由于每层 ACO-OFDM 的时域信号可以利用式 (3-14) 重构，因此只包含第 l 层 ACO-OFDM 的接收信号可以通过从接收信号去除其他所有层信号的方式获得

$$\bar{r}_n^{(l)} = r_n - \sum_{m \neq l} \hat{r}_n^{(m)} \tag{3-26}$$

于是不同层 ACO-OFDM 信号可以从时域分离，成对限幅操作可以分别应用于各层信号，以降低噪声和层间干扰。

经过成对限幅和 FFT 后，第 l 层 ACO-OFDM 上的符号被重新检测以获得更加准确的结果，并用于更新信号 $\hat{r}_n^{(l)}$，回代到式 (3-26) 以更新其他层的信号。因此，改进的接收机以这样的方式迭代进行，在每次迭代中，每层 ACO-OFDM 信号仍然是串行检测。改进接收机的流程总结为算法 1，其中 iter 表示接收机的迭代次数。

算法 1　分层 ACO-OFDM 改进接收机

输入: 接收信号 r_n，星座集合 $\mathcal{S}$；

输出: 检测符号 $\hat{X}_{\mathrm{ACO},k}^{(l)}$；

1: $\tilde{r}_n^{(1)} = r_n$；
2: **for** $l = 1 : L-1$ **do**
3: 　$\tilde{R}_{\mathrm{ACO},k}^{(l)} = \mathrm{FFT}\left(\tilde{r}_n^{(l)}\right)$；
4: 　$\hat{X}_{\mathrm{ACO},k}^{(l)} = \arg\min\limits_{X \in \mathcal{S}} |X - 2\tilde{R}_{\mathrm{ACO},k}^{(l)}|$；
5: 　$\hat{r}_n^{(l)} = \left\lfloor \sum\limits_{k=0}^{N-1} \hat{X}_{\mathrm{ACO},k}^{(l)} \exp\left(\mathrm{j}\dfrac{2\pi}{N} n \cdot 2^{l-1} k\right) \right\rfloor_c$；
6: 　$\tilde{r}_n^{(l+1)} = \tilde{r}_n^{(l)} - \hat{r}_n^{(l)}$；
7: **end for**
8: $\bar{r}_n^{(L)} = \tilde{r}_n^{(L)}$；
9: **for** $i = 1 :$ iter **do**
10: 　**for** $l = L : -1 : 1$ **do**
11: 　　根据式 (3-24)～式 (3-25) 计算 $\bar{r}_{n,c}^{(l)}$；

12: $\bar{R}_{\mathrm{ACO},k,c}^{(l)} = \mathrm{FFT}\left(\bar{r}_{n,c}^{(l)}\right)$;

13: $\hat{X}_{\mathrm{ACO},k}^{(l)} = \arg\min_{X\in\mathcal{S}} |X - 2\bar{R}_{\mathrm{ACO},k,c}^{(l)}|$;

14: $\hat{r}_n^{(l)} = \left\lfloor \sum_{k=0}^{N-1} \hat{X}_{\mathrm{ACO},k}^{(l)} \exp\left(\mathrm{j}\frac{2\pi}{N}n \cdot 2^{l-1}k\right) \right\rfloor_c$;

15: $\bar{r}_n^{(l')} = r_n - \sum_{m\neq l'} \hat{r}_n^{(m)},\ l' \neq l$;

16: **end for**

17: **end for**

18: **return** $\hat{X}_{\mathrm{ACO},k}^{(l)}$;

3.3.2 仿真结果

本节仿真验证了分层 ACO-OFDM 改进接收机的性能，其中子载波的个数为 512，每个调制的子载波采用 16QAM 星座映射，并且每层调制的子载波上的平均功率相同。接收机的迭代次数设为 2，以保证较低的复杂度和延时。

图 3.7 给出了 4 层的分层 ACO-OFDM 的误比特率性能曲线，其中每

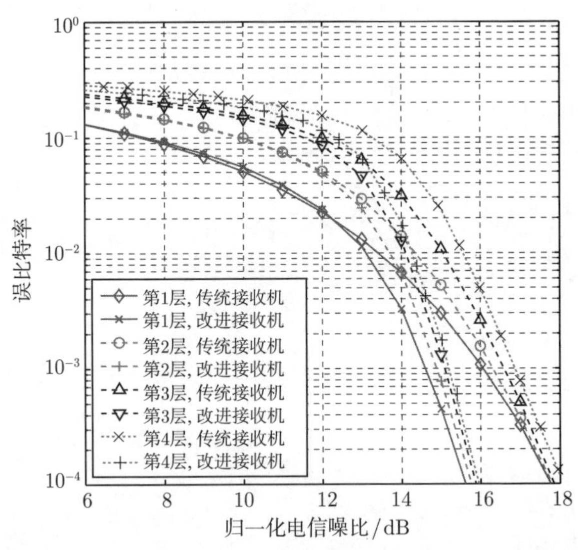

图 3.7 传统接收机和改进接收机在 4 层 ACO-OFDM 中各层信号的性能比较

层的 ACO-OFDM 信号的误比特率分别画出。可以看出相比 3.2.2 节中提出的分层 ACO-OFDM 接收机，改进的接收机在 4 层 ACO-OFDM 中都取得了更好的接收性能。当考虑误比特率为 10^{-3} 的情况时，4 层 ACO-OFDM 的性能增益为 1.45~1.7 dB，而如果考虑误比特率为 10^{-4} 的情况，由于误比特率的降低使每层 ACO-OFDM 重构时域信号的估计更加准确，增益更是达到 2~2.15 dB。

本节也计算了采用两种接收机时分层 ACO-OFDM 中所有比特的平均误比特率性能，仿真结果如图 3.8 所示。分层 ACO-OFDM 采用的层数分别为 2 层、3 层和 4 层，当采用 16QAM 星座映射时，其对应的频谱效率分别为 1.5 bit/(s·Hz)，1.75 bit/(s·Hz) 和 1.875 bit/(s·Hz)。可以看出，对于不同层数的分层 ACO-OFDM，改进接收机的性能都远好于 3.2.2 节中提出的传统接收机。在误比特率为 10^{-3} 时，2 层、3 层和 4 层的分层 ACO-OFDM 采用改进接收机的性能增益分别为 2.2 dB，2.15 dB 和 1.5 dB。当误比特率降为 10^{-4} 时，增益分别增加到了 2.4 dB，2.25 dB 和 2.1 dB。

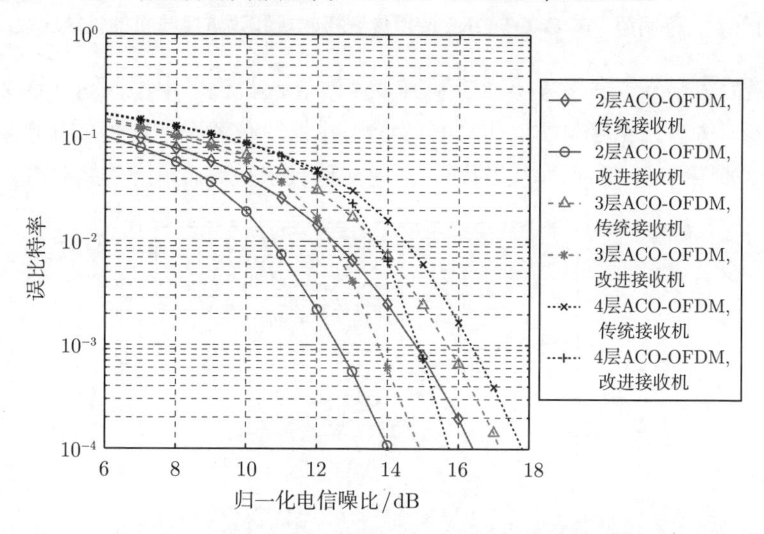

图 3.8　不同层 ACO-OFDM 使用传统接收机和改进接收机的性能比较

另外，本节也考虑了发射端非线性时，分层 ACO-OFDM 改进接收机的性能，仿真结果如图 3.9 所示，其中 LED 的非线性模型同式 (2-15)，线性范围为 [0, 5]，并且将每个调制符号的功率进行了归一化。此时分层 ACO-OFDM 的性能相比没有非线性时有了明显的退化，但是采用改进接收机的系统性能相比传统接收机仍有明显的提升，当误比特率为 10^{-3} 时，性能的增益均在 2 dB 左右。

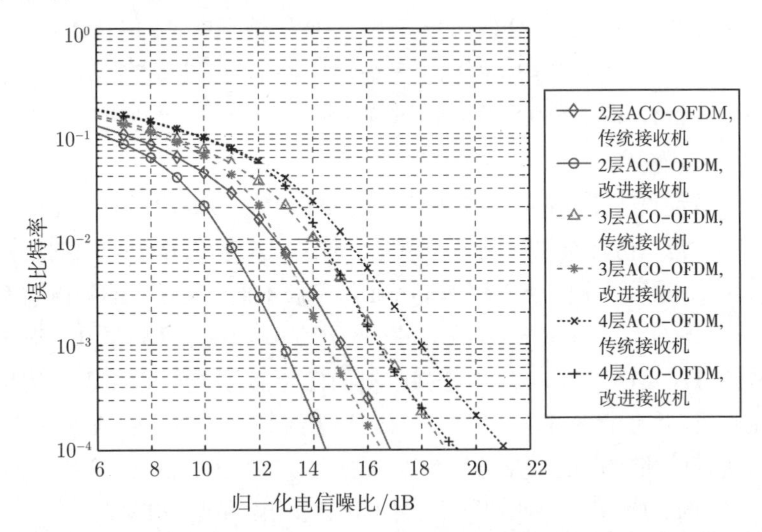

图 3.9 不同层 ACO-OFDM 使用传统接收机和改进接收机的性能比较

最后，本节仿真了分层 ACO-OFDM 改进接收机采用不同迭代次数时的性能，仿真采用了 4 层 ACO-OFDM，并且没有考虑非线性的影响，仿真结果如图 3.10 所示。可以看出，当增加迭代次数时，系统的接收性能会

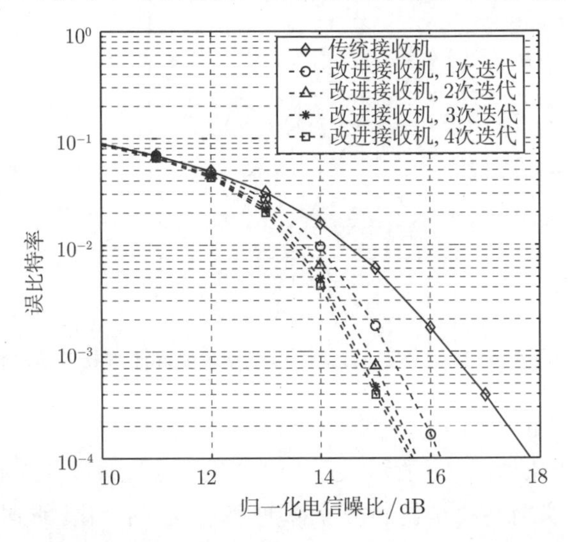

图 3.10 不同迭代次数的分层 ACO-OFDM 改进接收机性能比较

逐渐提高。但是，当迭代次数超过 2 时，性能的提升非常有限，但是这却会带来更高的复杂度和更长的延时。因此，在实际使用中需要根据复杂度和性能的需求进行折中。

3.4　本章小结

本章提出一种用于可见光通信的高频谱效率调制方案——分层 ACO-OFDM 调制。这种调制方式将子载波分成若干层，并分别采用不同大小的 ACO-OFDM 进行调制，再将多层 ACO-OFDM 信号同时发送。相比传统 ACO-OFDM，分层 ACO-OFDM 可以使用更多的子载波，从而提高了系统频谱效率。同时，由于每层均为 ACO-OFDM 调制，不需要使用直流偏置来保证信号的非负性，具有较高的功率效率。仿真结果表明，当采用相同调制阶数时，分层 ACO-OFDM 可以获得接近 ACO-OFDM 两倍的频谱效率；在频谱效率相同时，分层 ACO-OFDM 相比传统的 ACO-OFDM 和 HACO-OFDM 具有更好的接收性能。更进一步，本章提出一种分层 ACO-OFDM 的改进接收机，通过将每层 ACO-OFDM 信号从时域中分离，并利用其时域的对称性降低噪声和层间干扰，提高了分层 ACO-OFDM 的接收性能。

第4章 亮度可调的可见光通信调制技术研究

在采用 LED 进行室内外照明时，LED 光线亮度应当可以适度调节以满足不同场合的照明需求。此外，亮度调节技术可以节能环保，且能够提供高质量的色彩性能。当可见光通信与照明功能相结合时，需要能够支持不同亮度条件下的可靠通信。本章提出两种非对称的光 OFDM 调制方式，在不同直流偏置下通过改变 OFDM 时域信号的非对称性，从而可以充分利用 LED 的动态范围，以支持不同亮度条件下的可见光通信传输。

4.1 研究背景

LED 具有非线性的特性，虽然一些非线性补偿算法被提出，也只能保证 LED 在有限的范围内近似为线性 [132, 133]。设输入 LED 的最大和最小电流分别为 $I_{\max}$ 和 $I_{\min}$。输出光功率与输入电流的关系为

$$P_{\text{opt}}(t) = \begin{cases} 0, & i(t) < I_{\min} \\ \kappa\left(i(t) - I_{\min}\right), & I_{\min} \leqslant i(t) \leqslant I_{\max} \\ \kappa\left(I_{\max} - I_{\min}\right), & i(t) > I_{\max} \end{cases} \tag{4-1}$$

其中，κ 和 $i(t)$ 分别代表电流–光功率转换系数和瞬时输入电流。

由于照明的亮度正比于平均光功率，因此亮度调节可以通过改变 LED 的平均输出光功率来实现，定义亮度系数为平均亮度与最大亮度的比值，即

$$\eta = E\left[P_{\text{opt}}(t)\right] / \left[\kappa\left(I_{\max} - I_{\min}\right)\right] \tag{4-2}$$

它的范围为 [0, 1]。为了在支持可见光通信的同时兼容照明亮度的变化，针对不同的调制方式，不同的亮度调节方案被提出。

在可见光通信标准 IEEE 802.15.7 中，OOK 调制通过改变 OOK 中开的强度或者加入空的补偿时间来改变系统的平均功率，从而改变照明的亮度 [40]。第一种方式重新定义了开的强度，可以保证符号速率不变，但是会降低接收端的信噪比。在实际使用时需要通过自适应的信道编码，以更低的码率来保证无差错传输。第二种方式则保证了开的强度保持不变，设有用信号的长度为 T_1，亮度系数为 η_A，补偿时间为 T_2，亮度系数为 η_B，则经过补偿之后的平均亮度系数为

$$\eta = \frac{\eta_A T_1 + \eta_B T_2}{T_1 + T_2} \tag{4-3}$$

当所需的亮度大于 50% 时，$\eta_B = 1$，反之 $\eta_B = 0$。对应的补偿时间为

$$T_2 = \begin{cases} \dfrac{2\eta - 1}{2 - 2\eta} T_1, & \eta \geqslant 50\% \\ \dfrac{1 - 2\eta}{2\eta} T_1, & \eta < 50\% \end{cases} \tag{4-4}$$

这里假设 $\eta_A = 0.5$，这也是通常采用的信源编码所达到的比例。这种方式可以保证接收端有用信号的信噪比保持不变，但是补偿时间的加入会降低通信的净数据率，尤其是在亮度要求较高或较低时，补偿时间会占用大部分的帧长度 [134, 135]。这种补偿的方式也可以与信号编码相结合，例如 Reed-Muller 码和 Turbo 码，以进一步提高系统的性能 [136, 137]。当给定亮度系数 η 和 OOK 调制后，其最大的通信效率可以计算为 [138]

$$E_D = -\eta \log_2 \eta - (1 - \eta) \log_2 (1 - \eta) \tag{4-5}$$

这意味着通信的效率在亮度系数为 50% 时最大，当亮度系数为 0 和 100% 时将降为 0。直接加入补偿时间的方法会导致通信的数据率与亮度系数线性变化，无法达到最优的性能。文献 [138] 提出一种逆信源编码的方式来调节 OOK 调制的亮度，传统信源编码后的比特中 0 和 1 的比例基本相同，因此得到的亮度系数为 50%，如果可以调整信源编码后 0 和 1 的比例，那么就可以直接来调节 OOK 调制后的亮度，文献 [138] 中还给出了利用逆霍夫曼编码调节 OOK 调制亮度的示例。

上述用于调制 OOK 亮度调节的方式也可用于 VPPM 调制的亮度调节中 [40]。除此之外，结合 VPPM 采用脉冲调制的特点，也可以通过改变每个脉冲的宽度来调节平均功率 [139]，但是这种方式会扩展信号的带宽。CSK 调制由于利用了三种颜色的光强比例，分别对应不同的星座点，因此它的亮度调节可以直接等比例地改变三路光的强度，而不会影响其对应的星座点 [40]。

由于光 OFDM 调制被广泛应用于可见光通信中，针对光 OFDM 的亮度调节方案也被提出。如果直接调整 DCO-OFDM 的直流偏置 I_{bias}，由于经过 IFFT 后的信号分布具有正负对称性，因此实际可用的动态范围为 $[\max(I_{\min}, 2I_{\text{bias}} - I_{\max}), \min(2I_{\text{bias}} - I_{\min}, I_{\max})]$。当所需的亮度系数不是 50% 时，实际可用的动态范围将小于 LED 的线性区，为了避免限幅失真的增加需要降低信号的缩放系数，从而会大大降低接收端的有效电功率。文献 [116] 提出对每个 OFDM 时域信号乘上一个 PWM 信号，通过调制 PWM 信号的脉冲宽度来调节系统的平均光功率，但是这种方法需要一个高频的 PWM 信号，具有较高的实现成本。另一种方法同样应用了 PWM 信号，但是其中 PWM 的周期大于 OFDM 的符号长度 [117]。因此，当 PWM 信号为 1 时传输传统的 OFDM 信号，而当 PWM 信号为 0 时不传输信号。通过调制 PWM 信号的脉冲宽度也达到了调节亮度的作用。这种方式本质上与 OOK 中采用补偿时间的方法类似，会降低传输的数据率。另外，Elgala 等人提出一种反极性光 OFDM，其中也利用了一个周期很长的 PWM 信号与 ACO-OFDM 信号相结合 [118]。当 PWM 信号为 1 时将 ACO-OFDM 信号取负后与 PWM 信号相加传输；当 PWM 信号为 0 时则直接传输 ACO-OFDM 信号，最终传输的时域信号为

$$i_{\text{LED}}(t) = \begin{cases} i_{\text{PWM}}(t) - \alpha \times i_{\text{ACO}}(t), & 0 \leqslant t \leqslant T \\ i_{\text{PWM}}(t) + \alpha \times i_{\text{ACO}}(t), & T \leqslant t \leqslant T_{\text{PWM}} \end{cases} \tag{4-6}$$

其中，$i_{\text{PWM}}(t)$ 和 $i_{\text{ACO}}(t)$ 分别为瞬时 PWM 和 ACO-OFDM 信号，α 为缩放因子，T_{PWM} 为 PWM 信号的周期，其中 $[0, T]$ 时间内信号为 1，$[T, T_{\text{PWM}}]$ 时间内信号为 0。当调节 PWM 信号中的脉冲宽度 T 时，就可以改变信号的平均功率，从而调节 LED 的亮度。这种方法可以尽可能多地利用 LED 的动态范围，但是由于 ACO-OFDM 只使用奇数的子载波，系统的频谱效率不高 [118]。

4.2 非对称混合光 OFDM

为了能够保证较高的频谱效率，同时支持照明亮度调节的功能，本节提出一种新的非对称混合光 OFDM（asymmetrical hybrid optical orthogonal frequenay-division multiplexing，AHO-OFDM）调制技术。

4.2.1 AHO-OFDM

在 AHO-OFDM 中，ACO-OFDM 和 PAM-DMT 信号进行混合并同时传输。在 PAM-DMT 中，为了确保 ACO-OFDM 的符号不受到干扰，只将信息调制在偶数子载波的虚部。与文献 [112] 中 ACO-OFDM 和 PAM-DMT 信号直接相加的方法不同，在 AHO-OFDM 中，ACO-OFDM 或 PAM-DMT 的信号需要进行翻转使混合后的信号呈现双极性。亮度调节控制可以直接通过调整混合信号的幅度和直流偏置进行，从而在亮度调节过程中不需要 PWM 信号。由于 ACO-OFDM 和 PAM-DMT 信号的功率不同，因而正数信号和负数信号的功率也不相等，这样使得混合后的 AHO-OFDM 信号非对称，从而在直流偏置变化时充分利用 LED 的动态范围。混合后的双极性信号被加上一个直流偏置 I_{bias}，这里给出一个 ACO-OFDM 和翻转的 PAM-DMT 信号混合后得到的 AHO-OFDM 信号：

$$z_n = \lfloor x_{\text{ACO},n} \rfloor_c - \lfloor y_{\text{PAM},n} \rfloor_c + I_{\text{bias}}, \quad n = 0, 1, \cdots, N-1 \tag{4-7}$$

其中，$\lfloor x_{\text{ACO},n} \rfloor_c$ 和 $\lfloor y_{\text{PAM},n} \rfloor_c$ 分别代表 ACO-OFDM 和 PAM-DMT 的时域信号。

根据中心极限定理，非对称限幅前的 ACO-OFDM 信号在 $N \geqslant 64$ 时近似服从高斯分布。在 ACO-OFDM 中，负数信号直接下限幅为 0。因此，$x_{\text{ACO},n}$ 的概率密度函数可以写为 [140]

$$p_{\text{ACO}}\left(\lfloor x_{\text{ACO},n} \rfloor_c\right) = \begin{cases} \dfrac{1}{2}, & \lfloor x_{\text{ACO},n} \rfloor_c = 0 \\ \dfrac{1}{\sqrt{2\pi}\sigma_{\text{ACO}}} \exp\left(-\dfrac{\lfloor x_{\text{ACO},n} \rfloor_c^2}{2\sigma_{\text{ACO}}^2}\right), & \lfloor x_{\text{ACO},n} \rfloor_c > 0 \end{cases} \tag{4-8}$$

其中，σ_{ACO} 表示非对称限幅前的 ACO-OFDM 信号 $x_{\mathrm{ACO},n}$ 的均方根。$\lfloor x_{\mathrm{ACO},n} \rfloor_c$ 的期望可以计算为 [92]

$$E\left(\lfloor x_{\mathrm{ACO},n} \rfloor_c\right) = \sigma_{\mathrm{ACO}}/\sqrt{2\pi} \tag{4-9}$$

与 ACO-OFDM 相似，通过上述计算可以得到 PAM-DMT 信号的概率密度函数 $p_{\mathrm{PAM}}\left(\lfloor y_{\mathrm{PAM},n} \rfloor_c\right)$，并通过 $E\left(\lfloor y_{\mathrm{PAM},n} \rfloor_c\right) = \sigma_{\mathrm{PAM}}/\sqrt{2\pi}$ 计算时域信号 $\lfloor y_{\mathrm{PAM},n} \rfloor_c$ 的期望，这里 σ_{PAM} 表示非对称限幅前的 PAM-DMT 信号 $y_{\mathrm{PAM},n}$ 的均方根。混合 AHO-OFDM 信号的平均幅度为

$$I_{\mathrm{D}} = E\left(z_n\right) = \frac{\sigma_{\mathrm{ACO}}}{\sqrt{2\pi}} - \frac{\sigma_{\mathrm{PAM}}}{\sqrt{2\pi}} + I_{\mathrm{bias}} \tag{4-10}$$

由于使用 AHO-OFDM 信号的幅度来调制 LED 的瞬时光功率，I_{D} 与 LED 的平均光功率成比例。

对于一个给定的亮度系数 η，I_{D} 的平均幅度可以通过式 (4-1) 和式 (4-2) 计算得到。从式 (4-10) 中可以看出，I_{D} 的平均幅度由直流偏置电流 I_{bias} 以及 σ_{ACO} 和 σ_{PAM} 来决定。由于幅度受到 LED 的动态范围限制，AHO-OFDM 信号在幅度超过动态范围时会产生切顶，从而引发切顶失真。为了能够估计出本节提出算法的切顶失真，定义 ACO-OFDM 和 PAM-DMT 的缩放因子分别为 β_{ACO} 和 β_{PAM}，其中

$$\beta_{\mathrm{ACO}} = \sigma_{\mathrm{ACO}}/\left(I_{\max} - I_{\mathrm{bias}}\right) \tag{4-11}$$

以及

$$\beta_{\mathrm{PAM}} = \sigma_{\mathrm{PAM}}/\left(I_{\mathrm{bias}} - I_{\min}\right) \tag{4-12}$$

那么信号发生限幅的概率可以写为

$$\begin{aligned} P\left(z_n > I_{\max}\right) &= P\left(\lfloor x_{\mathrm{ACO},n} \rfloor_c - \lfloor y_{\mathrm{PAM},n} \rfloor_c > I_{\max} - I_{\mathrm{bias}}\right) \\ &= \int_0^{\infty} p_{\mathrm{PAM}}\left(y\right) \int_{\sigma_{\mathrm{ACO}}/\beta_{\mathrm{ACO}}+y}^{\infty} p_{\mathrm{ACO}}\left(x\right) \mathrm{d}x\mathrm{d}y \end{aligned} \tag{4-13}$$

$$\begin{aligned} P\left(z_n < I_{\min}\right) &= P\left(\lfloor y_{\mathrm{PAM},n} \rfloor_c - \lfloor x_{\mathrm{ACO},n} \rfloor_c > I_{\mathrm{bias}} - I_{\min}\right) \\ &= \int_0^{\infty} p_{\mathrm{ACO}}\left(x\right) \int_{\sigma_{\mathrm{PAM}}/\beta_{\mathrm{PAM}}+x}^{\infty} p_{\mathrm{PAM}}\left(y\right) \mathrm{d}y\mathrm{d}x \end{aligned} \tag{4-14}$$

当缩放因子 β_{ACO} 和 β_{PAM} 足够小时，信号出现限幅的概率就会很小，从而降低了限幅失真。例如，当 $\beta_{\mathrm{ACO}}=\beta_{\mathrm{PAM}}=1/3$ 时，被限幅信号出现的概率会小于 1%。然而，一个较小的缩放因子会导致接收端的有效信号功率变低，从而导致系统性能的下降。因此，为了达到需要的误码性能需要在有效功率和限幅失真之间做折中。当选定缩放因子后，根据式 (4-10) 及缩放因子的定义式 (4-11) 和式 (4-12)，对应所需亮度系数 η 的直流偏置为

$$I_{\mathrm{bias}}=\frac{\sqrt{2\pi}\left(\left(I_{\max}-I_{\min}\right)\eta+I_{\min}\right)-\beta_{\mathrm{PAM}}I_{\min}-\beta_{\mathrm{ACO}}I_{\max}}{\sqrt{2\pi}-\beta_{\mathrm{ACO}}-\beta_{\mathrm{PAM}}} \tag{4-15}$$

图 4.1 给出了一个由 ACO-OFDM 和翻转的 PAM-DMT 信号混合生成的 AHO-OFDM 信号的例子，其中所需的亮度系数 $\eta=70\%$，子载波个数为 128 个。此外，在 ACO-OFDM 和 PAM-DMT 信号中分别使用 16QAM 和 16PAM 进行调制。ACO-OFDM 和 PAM-DMT 的缩放因子均设为 1/3。图 4.1(a) 分别展示了 ACO-OFDM 和翻转的 PAM-DMT 信号，这里前者的幅度高于直流偏置，后者幅度低于直流偏置。而图 4.1(b) 则展示了两者混合后的 AHO-OFDM 信号，其关于直流偏置电流 I_{bias} 是非对称的。可以

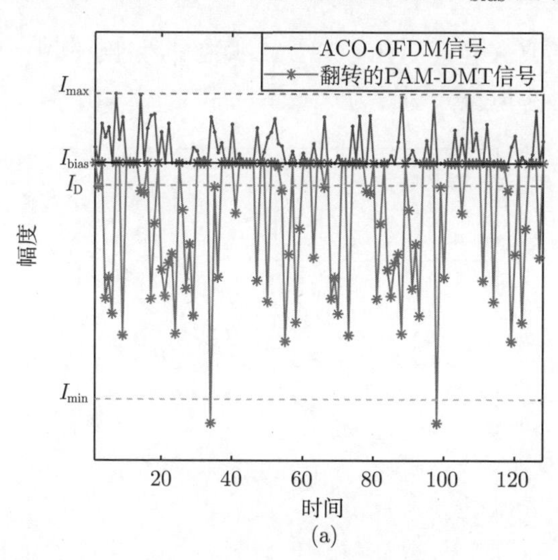

图 4.1　一个 AHO-OFDM 时域信号示例 ($\eta=70\%$)

(a) AHO-OFDM 中的 ACO-OFDM 和翻转的 PAM-DMT 时域信号；

(b) 混合后的 AHO-OFDM 时域信号

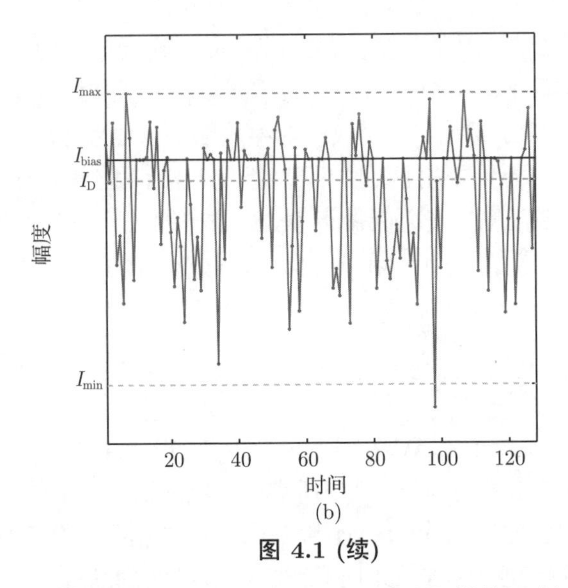

(b)

图 4.1 (续)

发现 I_{bias} 和信号平均幅度 I_D 并不相等，当采用这样的调制方式时，由于信号关于直流偏置的非对称性，LED 的动态范围能够被充分地利用。

4.2.2 仿真结果

本节通过仿真来验证 AHO-OFDM 调制的性能。其中允许通过 LED 的最大电流和最小电流分别设为 $I_{max} = 1$ 和 $I_{min} = 0$。图 4.2 给出了亮度

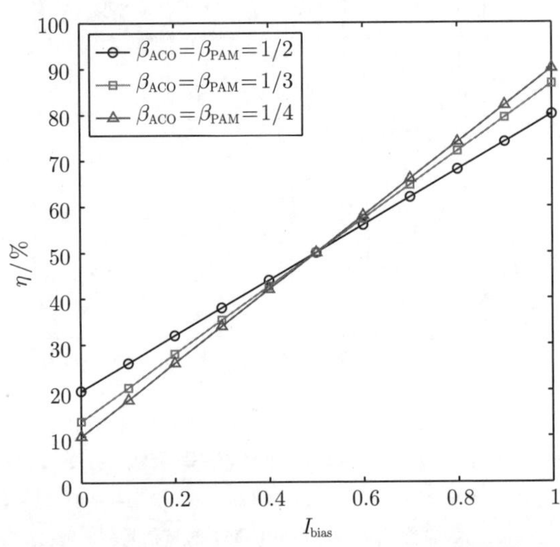

图 4.2 亮度系数 η 与缩放因子 β_{ACO}、β_{PAM} 以及直流偏置 I_{bias} 的关系

系数 η 的曲线, 其中 η 是缩放因子 β_{ACO}、β_{PAM} 以及直流偏置 I_{bias} 的函数。从图 4.2 中可以看出，AHO-OFDM 能够支持很宽的亮度调节范围。例如，当缩放因子 $\beta_{\text{ACO}} = \beta_{\text{PAM}} = 1/4$ 时，亮度调节范围能够达到 $10\% \sim 90\%$。值得注意的是，当减小缩放因子时，亮度系数的范围还会进一步提升。因此，当所需调节的亮度很低或很高时，可以使用更小的缩放因子以支持更宽的亮度调节范围。因此，理论上 AHO-OFDM 能够支持任意的亮度调节范围。

图 4.3 给出了在目标误比特率为 2×10^{-3}，系统噪声功率为 -10 dBm 的情况下，AHO-OFDM 的可达频谱效率随不同亮度系数变化的曲线。这里 ACO-OFDM 和 PAM-DMT 分别使用 QAM 调制和 PAM 调制。由于不同的亮度下需要不同的直流偏置，AHO-OFDM 中的 ACO-OFDM 和 PAM-DMT 信号对应的 LED 动态范围也不同，这会导致接收端信噪比也不相等。为了达到目标误比特率，ACO-OFDM 和 PAM-DMT 信号的调制阶数需要根据不同的信噪比有所变化。例如，当亮度系数 $\eta = 50\%$ 时，ACO-OFDM 和 PAM-DMT 可以分别使用 64QAM 和 8PAM 星座映射。但是，当亮度系数降为 $\eta = 30\%$ 时，ACO-OFDM 和 PAM-DMT 信号能够使用的调制阶数分别为 64QAM 和 4PAM。此外，从图 4.2 中可以看出，为了达到更

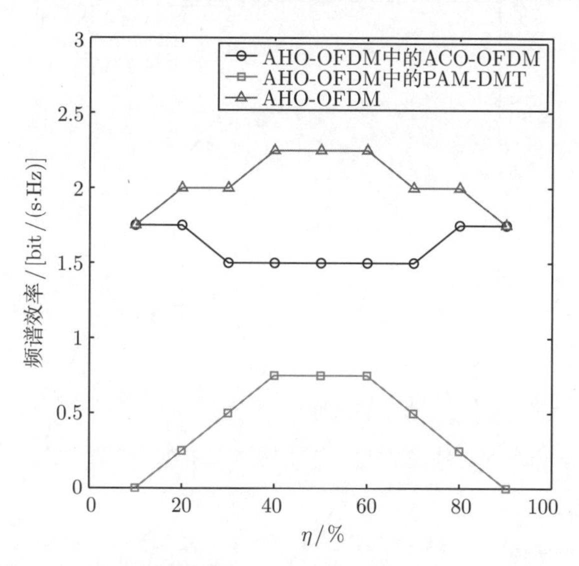

图 4.3　不同亮度系数下 AHO-OFDM 的可达频谱效率

宽的亮度调节范围需要更小的缩放因子。因此，需要调整缩放因子大小以实现不同的亮度调节范围。当亮度系数在 20% ~ 80% 时，设置缩放因子 $\beta_{\text{ACO}} = \beta_{\text{PAM}} = 1/3$。当所希望的亮度超出范围时，就要降低缩放因子以获得更宽的亮度调节范围。当亮度系数 $\eta > 50\%$ 时，使用 PAM-DMT 信号和翻转的 ACO-OFDM 信号进行混合能够获得更好的误码性能，这是因为 ACO-OFDM 信号使用两个维度进行信息传输，在相同功率下比 PAM-DMT 传输的信息比特更多。可以看出，AHO-OFDM 能够在吞吐率波动较小的情况下支持很宽的亮度调节范围。除 ACO-OFDM 传输的数据之外，能够通过混合 PAM-DMT 信号来传递更多的信息。

另外，本节也将 AHO-OFDM 的性能和 DCO-OFDM 的性能及 HACO-OFDM 的性能进行了比较。在 DCO-OFDM 中，亮度调节只通过调节直流偏置实现，而不使用 PWM 信号。自适应的缩放因子用来实现多级亮度调节以减小 DCO-OFDM 的限幅失真。在 HACO-OFDM 中，光功率平均分配给 ACO-OFDM 和 PAM-DMT，而当所需的亮度很高时，仍然需要添加直流偏置。图 4.4 比较了 AHO-OFDM，DCO-OFDM 以及 HACO-OFDM 的可达频谱效率随不同亮度系数的变化。从图中可以看出，AHO-OFDM 相

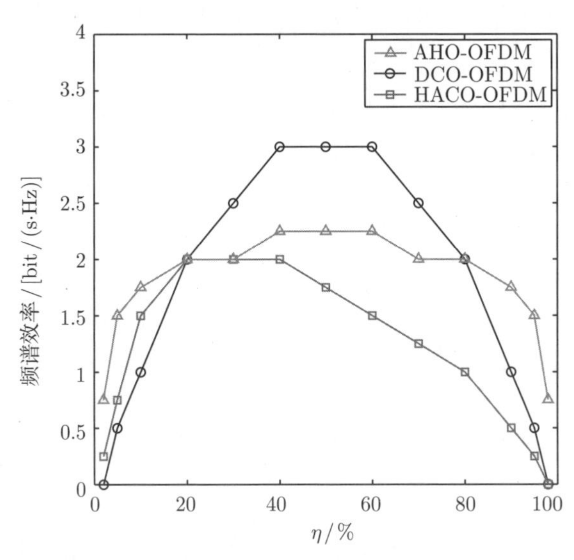

图 4.4 不同亮度系数下 AHO-OFDM，DCO-OFDM 和 HACO-OFDM 的可达频谱效率比较

对于其他两种方法能够支持更宽的亮度调节范围。而且当亮度变化时，其可达频谱效率相对稳定。这是因为 AHO-OFDM 信号的非对称性使得 LED 的动态范围能够得到充分的利用。具体来说，当亮度系数在 $5\% \sim 95\%$ 这样大的范围内时，AHO-OFDM 的可达频谱效率都在 1.5 bit/(s·Hz) 以上。对于 DCO-OFDM 和 HACO-OFDM 无法正常工作的极小亮度系数，比如 $\eta = 2\%$，AHO-OFDM 的可达频谱效率仍然有 0.75 bit/(s·Hz)。

4.3　基于多层 ACO-OFDM 的可调光 OFDM

从图 4.4 可以看出，虽然 AHO-OFDM 相比 DCO-OFDM 可以支持更宽的亮度范围，而且在亮度较高或者较低时，可以获得更高的频谱效率，然而当照明亮度适中时，它的性能却逊于 DCO-OFDM。这是由于 AHO-OFDM 中偶数子载波采用了 PAM 调制，浪费了一部分的频谱资源。本节提出一种基于多层 ACO-OFDM 的可调光 OFDM（dimmable optical OFDM，DO-OFDM），在支持亮度调节的同时可以利用多层 ACO-OFDM 使用更多的频谱资源，从而进一步提高系统的性能。

4.3.1　DO-OFDM

DO-OFDM 的发射机框架如图 4.5 所示，其中，L 层使用不同子载波的 ACO-OFDM 信号合并之后同时传输。当传输比特经过符号映射后，被分为若干组，分别用于各层的调制中。其中在第 l 层 ACO-OFDM 信号中，$N/2^{l+1}$ 个符号被使用，分别调制在第 $2^{l-1}(2k+1)(k=0,1,\cdots,N/2^{l-1}-1)$ 个子载波上，同时为了保证 IFFT 后的信号为实数，子载波需满足厄米对称的性质，而剩余的子载波被置零。每层 ACO-OFDM 信号的生成方式与式 (3-10) 和式 (3-11) 相同。

当得到每层的 ACO-OFDM 信号后，在 DO-OFDM 中，不同极性的多层 ACO-OFDM 信号在时域合并在一起同时传输，它的时域信号可写为

$$x_n = \sum_{l=1}^{L} \beta_l \left\lfloor x_{\mathrm{ACO},n}^{(l)} \right\rfloor_c + I_{\mathrm{bias}}, \quad n = 0,1,\cdots,N-1 \tag{4-16}$$

其中，L 表示所用的 ACO-OFDM 的层数，β_l 为第 l 层 ACO-OFDM 信号的缩放因子，它可以为正，也可以为负。I_{bias} 为直流偏置，以保证结合后的

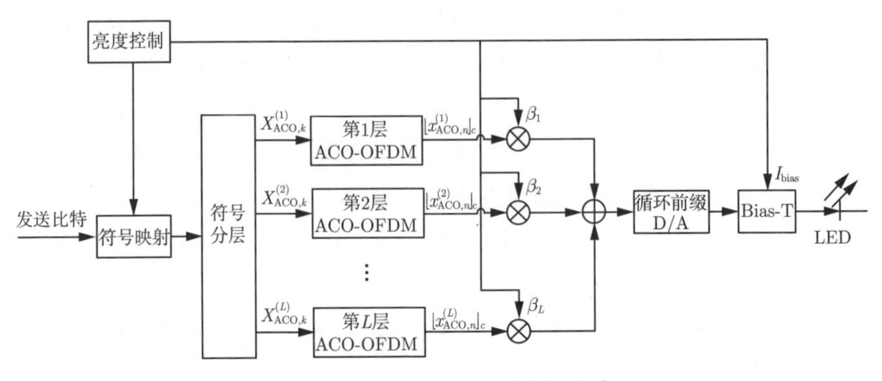

图 4.5　DO-OFDM 发射机框架

信号非负，并满足所需的亮度条件。通过这种结合，不同层的 ACO-OFDM 占用了不同的子载波，几乎所有的子载波资源都可以用来进行信息传输，从而提高了系统的频谱效率。DO-OFDM 的频谱效率可以写为

$$SE = \sum_{l=1}^{L} 2^{-(l+1)} \log_2 M_l \tag{4-17}$$

其中，M_l 表示第 l 层 ACO-OFDM 所采用的调制阶数。而且，当直流偏置调整时，DO-OFDM 可以通过调整不同层 ACO-OFDM 信号的极性和缩放因子使其波形灵活地适应 LED 的动态范围。

在接收端，不同层的 ACO-OFDM 信号的检测串行进行。首先最低层的 ACO-OFDM 上的符号可以通过 FFT 之后直接判决，然后估计出其对应的限幅失真。对于每层信号，只有当其上一层 ACO-OFDM 的限幅失真去除后，才能进行符号的判决。

为了充分利用 LED 的动态范围，同时保证接收端具有较高的有效信噪比，针对不同的亮度需求需要合理地选取 DO-OFDM 中的系数 β_l 和 I_{bias}。另外，从式 (4-1) 可以看出，超出区间 $[I_{\min}, I_{\max}]$ 的信号会被限幅，从而造成不需要的限幅失真，影响系统的性能。因此，需要保证大部分的信号都落在区间 $[I_{\min}, I_{\max}]$ 内。下面将给出不同亮度需求时系数 β_l 和 I_{bias} 的选择方案。

设每层 ACO-OFDM 上调制的符号 $X_{\mathrm{ACO},k}^{(l)}$ 的方差均统一为 σ^2。经过 IFFT 后，各层非对称限幅前的 ACO-OFDM 时域信号均近似服从高斯分布，由于在第 l 层 ACO-OFDM 信号中，有 $N/2^{l+1}$ 个子载波携带了有用

信息，另外还有 $N/2^{l+1}$ 个子载波调制了共轭对称的信号，以满足子载波的厄米对称性，因此根据帕塞瓦尔定理，非对称限幅前的 ACO-OFDM 信号 $x_{\mathrm{ACO},n}^{(l)}$ 方差为 $\sigma^2/2^l$，而 $x_{\mathrm{ACO},n}^{(l)}$ 的期望为 0。因此，第 $l(l=1,2,\cdots,L)$ 层 ACO-OFDM 信号 $\left\lfloor x_{\mathrm{ACO},n}^{(l)}\right\rfloor_c$ 的概率密度函数为

$$p\left(\left\lfloor x_{\mathrm{ACO},n}^{(l)}\right\rfloor_c\right)=\begin{cases}\dfrac{1}{2}, & \left\lfloor x_{\mathrm{ACO},n}^{(l)}\right\rfloor_c=0\\ \dfrac{1}{\sqrt{\pi/2^{l-1}}\sigma}\exp\left(-\dfrac{\left\lfloor x_{\mathrm{ACO},n}^{(l)}\right\rfloor_c^2}{\sigma^2/2^{l-1}}\right), & \left\lfloor x_{\mathrm{ACO},n}^{(l)}\right\rfloor_c>0\end{cases} \tag{4-18}$$

随后，$\left\lfloor x_{\mathrm{ACO},n}^{(l)}\right\rfloor_c$ 的期望可以根据式 (4-19) 给出：

$$E\left\{\left\lfloor x_{\mathrm{ACO},n}^{(l)}\right\rfloor_c\right\}=2^{-(l+1)/2}\pi^{-1/2}\sigma \tag{4-19}$$

因此，DO-OFDM 时域信号 x_n 的期望为

$$E\left\{x_n\right\}=\sum_{l=1}^{L}\beta_l E\left\{\left\lfloor x_{\mathrm{ACO},n}^{(l)}\right\rfloor_c\right\}+I_{\mathrm{bias}}=\sum_{l=1}^{L}2^{-l/2}\pi^{-1/2}\beta_l\sigma+I_{\mathrm{bias}} \tag{4-20}$$

对于一个给定的亮度系数 η，所需的平均光功率可以利用式 (4-2) 计算得出：

$$E\left(P_{\mathrm{opt}}(t)\right)=\eta\kappa\left(I_{\max}-I_{\min}\right) \tag{4-21}$$

从式 (4-1) 可以看出平均光功率与输入电流是非线性的。但是，在实际中需要保证大部分的信号都在 LED 的线性范围内，以减小限幅失真。因此在计算平均光功率时，只考虑在 LED 动态范围内的信号而忽略限幅失真的影响，那么 x_n 的期望可以近似为

$$E\left\{x_n\right\}\approx\eta I_{\max}+(1-\eta)I_{\min} \tag{4-22}$$

将式 (4-20) 与式 (4-22) 结合，可以得到给定亮度系数 η 时，DO-OFDM 中参数 β_l $(l=1,2,\cdots,L)$，I_{bias} 与 η 的关系：

$$\sum_{l=1}^{L}2^{-l/2}\pi^{-1/2}\beta_l\sigma+I_{\mathrm{bias}}=\eta I_{\max}+(1-\eta)I_{\min} \tag{4-23}$$

但是由于有 $L+1$ 个变量，方程 (4-23) 是欠定的。同时，DO-OFDM 的选取还应当满足三个条件。首先，多层 ACO-OFDM 信号混合后得到的 DO-OFDM 时域信号应该能够尽可能多地利用 LED 的线性范围，从而可以保证在接收端具有较高的有效信噪比。其次，信号的幅度不能过大，以减小限幅失真的影响。最后，包含所有层 ACO-OFDM 信号的 DO-OFDM 的误比特率应当满足预定的需求，误比特率与每层 ACO-OFDM 所用的调制阶数以及分配到它上面的功率有关。将这些需求总结如下：

$$\begin{cases} 1-2\varepsilon \leqslant P\left(I_{\min} \leqslant x_n \leqslant I_{\max}\right) \leqslant 1-\varepsilon \\ \dfrac{\displaystyle\sum_{l=1}^{L} P_{\mathrm{b}}(l)\, 2^{-(l+1)} \log_2\left(M_l\right)}{\displaystyle\sum_{l=1}^{L} 2^{-(l+1)} \log_2\left(M_l\right)} \leqslant \tau, \quad l=1,2,\cdots,L \\ \left|\beta_1\right|=\left|\beta_2\right|=\cdots=\left|\beta_L\right| \end{cases} \tag{4-24}$$

其中，2ε 表示 x_n 容许的最大限幅概率，τ 是目标的误比特率。$P(\cdot)$ 表示概率质量函数，它可以通过对式 (4-18) 中各层 ACO-OFDM 信号的概率密度函数积分获得。需要指出的是，式 (4-24) 中第一行的第二个不等号对应前面提到的第一个需求，但是当所需的亮度过高或过低时，它不总是能够满足。$P_b(l)$ 是 DO-OFDM 中第 l 层 ACO-OFDM 信号的误比特率，当采用 M_l-QAM 星座映射时，它可以由式 (4-25) 估计出 [127]：

$$P_{\mathrm{b}}(l) \approx \frac{4(\sqrt{M_l}-1)}{\sqrt{M_l}\log_2\left(M_l\right)} Q\left(\sqrt{\frac{3}{M_l-1} \frac{\beta_l^2 \sigma^2}{4 N_0}}\right) \tag{4-25}$$

最优的系数可以通过数值计算遍历 β_l 的值最大化式 (4-17) 中的频谱效率来获得，而对应的直流偏置 I_{bias} 可以根据式 (4-23) 求出。

4.3.2 仿真结果

本节仿真验证了 DO-OFDM 在不同亮度需求下的性能。其中允许通过 LED 的最大电流和最小的电流分别设为 $I_{\max}=1$ 和 $I_{\min}=0$，限幅的概率为 $\varepsilon=0.003$，以降低失真。目标误比特率为 2×10^{-3}，系统噪声功率为 -10 dBm。在 DO-OFDM 中，4 层 ACO-OFDM 信号混合后同时传输，根据不同的亮度需求，对应的 DO-OFDM 信号参数由式 (4-22)~ 式 (4-25) 计算得出。图 4.6 给出了不同亮度系数下 DO-OFDM 中每层 ACO-OFDM 的可达频谱效率，根据不同的亮度需求，不同层的 ACO-OFDM 采用不同阶数的 QAM 星座点，以满足误比特率的要求。可以看出，不同层的 ACO-OFDM 可以同时提供数据传输的功能，并对总的频谱效率有贡献，因此可以得到更好的性能。当所需的亮度过高或过低时，尽管非对称的 DO-OFDM 信号可以适应亮度的变化，但是其可用的动态范围仍然受限，使得可达频谱效率较低。

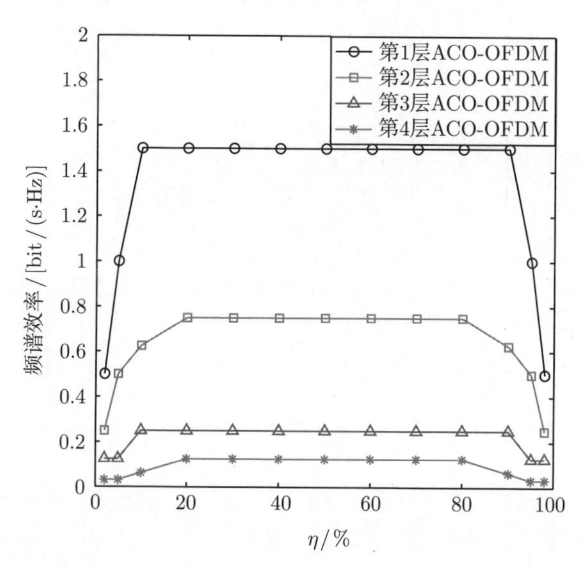

图 4.6　不同亮度系数下 DO-OFDM 中每层 ACO-OFDM 的可达频谱效率

在相同仿真条件下，本节也比较了不同亮度系数下 DCO-OFDM、AHO-OFDM 和 DO-OFDM 的性能。在 DCO-OFDM 中，亮度调节只通过调节直流偏置实现，而不使用 PWM 信号。自适应的缩放因子用来实现多级亮度调节以减小 DCO-OFDM 的限幅失真。在 AHO-OFDM 中，采用奇数子载波的 ACO-OFDM 信号和调制偶数子载波的 PAM-DMT 信号以不同的极性进行结合，以获得非对称的时域信号，在添加直流偏置后用于 LED 的调制。图 4.7 给出了在不同亮度系数下 DCO-OFDM、AHO-OFDM 和 DO-OFDM 的可达频谱效率。可以看出，相比 DCO-OFDM，本节提出的 DO-OFDM 可以支持更大的亮度范围，而且在亮度变化时能够支持的数据率也比较稳定，这是由于它的波形可以灵活地适应直流偏置的变化，从而更加充分地利用 LED 的动态范围。而且在大部分的亮度范围内，DO-OFDM 的可达频谱效率都优于 DCO-OFDM。此外，与 AHO-OFDM 相比，DO-OFDM 在所有亮度需求下都可以获得更高的可达频谱效率，这是由于尽管 AHO-OFDM 使用了所有的子载波，但是偶数子载波的虚部仍然空闲，而 DO-OFDM 可以通过多层 ACO-OFDM 信号的叠加来利用更多的频谱资源以用于数据传输。因此可以看出，本节提出的 DO-OFDM 是一种适用于亮度可调可见光通信的性能优异的调制方式。

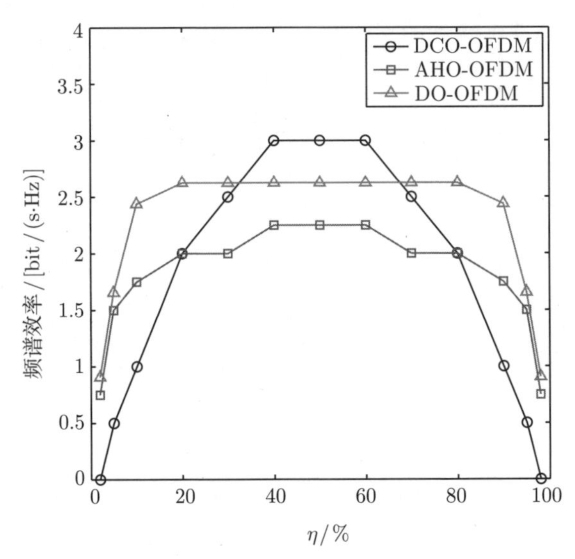

图 4.7 不同亮度系数下 DCO-OFDM、AHO-OFDM 和 DO-OFDM 的可达频谱效率

4.4 本章小结

针对可见光通信需要适应不同照明亮度的需求，本章提出两种亮度可调的可见光通信调制方案。首先提出了 AHO-OFDM 调制，将 ACO-OFDM 和 PAM-DMT 信号以不同的极性和功率进行叠加，以获得非对称的 OFDM 信号。在不同直流偏置下通过改变 OFDM 时域信号的非对称性，以支持不同亮度条件下的可见光通信传输。仿真结果表明，AHO-OFDM 调制能够在不同亮度需求下充分利用 LED 的动态范围，在很宽的亮度范围下实现可靠通信，与现有方法相比，在低照明亮度下能够有效提高系统的频谱效率。更进一步，利用多层 ACO-OFDM 信号组合出非对称的 DO-OFDM 信号，其中不同层的 ACO-OFDM 信号利用不同的子载波，以使用更多的频谱资源。仿真结果表明，ACO-OFOM 比 AHO-OFDM 和 DO-OFDM 的频谱效率有了进一步的提升。

第 5 章 多光源可见光通信系统中的调制技术研究

当可见光通信结合照明功能时，除了需要适应照明亮度的变化外，还需要结合照明中的器件特性和布局。照明中通常采用白光 LED，本章提出一种应用于 RGB 型白光 LED 通信系统的接收端预失真算法，在软判决译码器前添加一个预失真模块，对不同可信度的信号给予不同的权重，通过最优化预失真系数降低误码率，提高系统的性能。另外，室内照明中通常采用多个 LED 灯以保证房间的完整覆盖，本章也提出了多灯多用户 MIMO-OFDM 可见光通信的预编码方案，比较了采用不同调制方式、预编码算法以及直流偏置时的系统性能。

5.1 RGB 型白光 LED 通信系统的接收端预失真算法

5.1.1 研究背景

常用的白光 LED 有两类，分别是单芯片 LED 和 RGB 型 LED。其中，单芯片 LED 利用蓝光 LED 加上黄色荧光粉来获得白光。近年来，利用单芯片的白光 LED 和 OOK 调制已经实现了 230 Mb/s 的传输速率 [28]，而结合 OFDM 调制，传输速率可达到 1 Gb/s [30]。然而，荧光粉的响应时间比较慢，限制了单芯片 LED 的调制带宽，同时在接收端采用蓝色滤光片的方式也降低了信号的功率。RGB 型白光 LED 则是通过将红、绿、蓝三种颜色的 LED 发出的光混合来得到白光，相比单芯片 LED，它具有更高的调制带宽，同时三种颜色的光可以同时发送以进一步提高数据率，在

2012 年，意大利 Cossu 等人采用 RGB 型白光 LED 和 OFDM 调制，实现了 3.4 Gb/s 的可见光传输速率 [31]。

在 RGB 型白光 LED 中，白光由三种颜色的光根据不同的光强比例混合而成 [15]。有趣的是，人眼对不同波长的光的感知能力也是不同的，因此在发射端需要准确地选取波长和光强比例，以保证照明的性能。在接收端，对于每种颜色的光的光电转换效率也是不同的。因此，经过转换后每路信号的电功率不同，这导致系统的性能会受到最弱信号的限制。另外，为了保证无差错传输，可见光通信系统通常需要结合卷积码、Turbo 码或 LDPC 码等信道编码，由于来自不同光电转换器的信号功率和可靠性不同，在译码时会造成性能的损失。

因此，本节提出一种应用于 RGB 型白光 LED 通信系统的接收端预失真算法，在软判决译码器前添加一个预失真模块，对不同可信度的信号给予不同的权重，通过最优化预失真系数降低误码率，提高系统的性能。

5.1.2 系统模型

图 5.1 给出了一个采用 RGB 型白光 LED 的可见光通信系统，传统的可见光通信系统中不包含图中的预失真模块。在发射端，信息比特首先经过信道编码器，编码后的比特通过串并转换后，分别用于不同颜色的 LED 的调制。由于实现简单，OOK 调制被广泛应用于可见光通信系统中，本节考虑采用 OOK 调制的系统。经过 OOK 调制后的三色光按照给定的比例进行混合，然后生成白光同时用于照明和通信。

在接收端，经过滤光片将三种颜色的光分离，并分别送入对应的光电转换器，以生成相应的电信号。三路电信号随后经过并串转换，得到一路信号用于信道译码，以解出发送的信息。

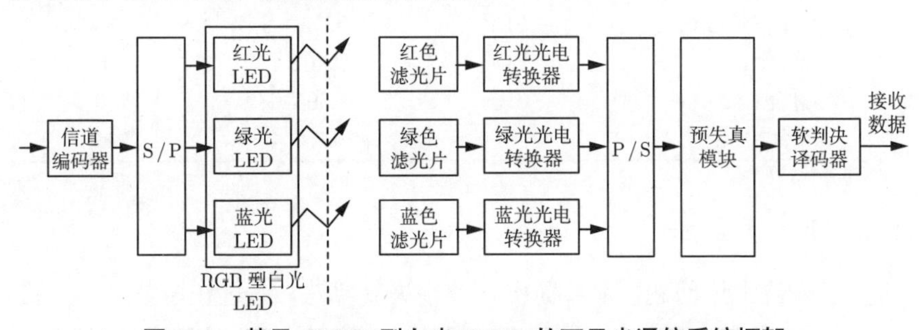

图 5.1 基于 RGB 型白光 LED 的可见光通信系统框架

当使用白光 LED 进行通信时，必须保证照明的质量，因此需要确保生成的白光按照合适的波长和光强比例进行混合。这里设红、绿、蓝三种颜色光的光功率分别为 M_{r}，M_{g} 和 M_{b}。文献 [15] 给出了四种用于获得白光的波长和对应的光强比例，相应的数据在表 5.1 中给出。可以看出，为了得到白光，三种波长的光的光强比例总是不同的。根据文献 [141]，光电转换器的转换效率定义为

$$\eta = \gamma \frac{e\,\lambda}{h\,c} \tag{5-1}$$

其中，γ 是光电探测器的量子效率，e 是电子电荷，λ 是信号的波长，h 是普朗克常量，c 是光速。对于不同颜色的光，波长和光电探测器的量子效率不同，因此会造成光电转换的效率也不同，这里设三种颜色的光电转换效率分别为 η_{r}，η_{g} 和 η_{b}。由于转换后的电信号的幅度正比于接收的光强，如果设三路信号的电功率分别为 E_{r}，E_{g} 和 E_{b}，那么有

$$\sqrt{E_{\mathrm{r}}} : \sqrt{E_{\mathrm{g}}} : \sqrt{E_{\mathrm{b}}} = M_{\mathrm{r}}\eta_{\mathrm{r}} : M_{\mathrm{g}}\eta_{\mathrm{g}} : M_{\mathrm{b}}\eta_{\mathrm{b}} \tag{5-2}$$

可以看出，来自不同颜色的 LED 的光强不同以及接收端光电转换器的效率不同，会导致三路接收信号的电功率的不同。因此，三路信号的可信度也不同，在接收端采用软判决译码时会造成性能的损失。

表 5.1 用于生成白光的三色光的波长和对应的光强比例 [15]

类型参数	红	绿	蓝
第 1 种波长/nm	600	555	480
混合比例	1	0.89	2.51
第 2 种波长/nm	610	555	475
混合比例	1	1.43	2.29
第 3 种波长/nm	610	555	450
混合比例	1	2.62	1.96
第 4 种波长/nm	610	565	450
混合比例	1	11.17	7.19

5.1.3 预失真算法

为了解决上述问题，本节提出一个预失真算法，通过在图 5.1 中的接收机中的软判决译码器前增加预失真模块，来给予不同可信度的信号不同

的权重。设经过并串转换后红、绿、蓝三色光混合的信号为 $r(t)$，对于来自不同颜色光的信号，给予不同的权重，权重系数分别为 F_{r}，F_{g} 和 F_{b}。那么，经过预失真后的信号 $r^{'}(t)$ 为

$$r'(t)=\begin{cases} r(t)\cdot F_{\mathrm{r}}, & r(t)\in \text{红光} \\ r(t)\cdot F_{\mathrm{g}}, & r(t)\in \text{绿光} \\ r(t)\cdot F_{\mathrm{b}}, & r(t)\in \text{蓝光} \end{cases} \tag{5-3}$$

预失真的基本目的是给予高可信度的信号更高的权重，而给予低可信度的信号更低的权重。但是权重系数的选择需要保证系数最优的接收性能。

这里以卷积码为例进行分析，当采用软判决的维特比译码时 [142]，常用来估计译码器性能的是计算初次错误概率的联合上界，定义为 [143]

$$P_e \leqslant \sum_{d=d_{\text{free}}}^{\infty} n_d P_d \tag{5-4}$$

其中，d_{free} 表示卷积码的自由距，n_d 为路径质量为 d 的路径条数，P_d 为成对差错概率。而且，n_d 也是卷积码的传递函数 $T(B,D)|_{B=1}$ 的系数 [142]。对于功率谱密度为 $N_0/2$ 的 AWGN 信道，OOK 调制的成对差错概率为

$$P_d = Q\left(\sqrt{\frac{d\,E_{\mathrm{s}}}{N_0}}\right) \tag{5-5}$$

其中，E_{s} 表示符号能量。

由于接收信号中来自不同光电转换器的信号功率不同，导致路径总功率改变，因此在不使用预失真时，初次错误概率的联合上界为

$$P_e \leqslant \sum_{d=d_{\text{free}}}^{\infty} \sum_{k=1}^{n_{\mathrm{d}}} Q\left(\sqrt{\frac{\left(r_{d,k}\sqrt{E_{\mathrm{r}}}+g_{d,k}\sqrt{E_{\mathrm{g}}}+b_{d,k}\sqrt{E_{\mathrm{b}}}\right)^2}{d\,N_0}}\right) \tag{5-6}$$

其中，k 表示第 k 条距离为 d 的从全零到全零的路径，而 $r_{d,k}$、$g_{d,k}$ 和 $b_{d,k}$ 分别表示该条路径中红、绿、蓝信号中 1 的个数，显然有 $r_{d,k}+g_{d,k}+b_{d,k}=d$。

为了提高软判决维特比译码的性能，预失真模块通过对三路信号给予不同的权重 F_{r}、F_{g} 和 F_{b}，使高可信度的信号在路径计算中具有更多的贡献，而降低低可信度信号的贡献。不同支路的信号和噪声会随着权重系数同步变化，因此初次错误概率的上界可表示为

$$P_e \leqslant \sum_{d=d_{\text{free}}}^{\infty} \sum_{k=1}^{n_d} Q\left(\sqrt{\frac{\left(r_{d,k}F_{\text{r}}\sqrt{E_{\text{r}}}+g_{d,k}F_{\text{g}}\sqrt{E_{\text{g}}}+b_{d,k}F_{\text{b}}\sqrt{E_{\text{b}}}\right)^2}{\left(r_{d,k}F_{\text{r}}^2+g_{d,k}F_{\text{g}}^2+b_{d,k}F_{\text{b}}^2\right)N_0}}\right) \tag{5-7}$$

根据柯西–施瓦茨不等式，式 (5-7) 中的上界可最小化为

$$\begin{aligned}
&\sum_{d=d_{\text{free}}}^{\infty} \sum_{k=1}^{n_d} Q\left(\sqrt{\frac{\left(r_{d,k}F_{\text{r}}\sqrt{E_{\text{r}}}+g_{d,k}F_{\text{g}}\sqrt{E_{\text{g}}}+b_{d,k}F_{\text{b}}\sqrt{E_{\text{b}}}\right)^2}{\left(r_{d,k}F_{\text{r}}^2+g_{d,k}F_{\text{g}}^2+b_{d,k}F_{\text{b}}^2\right)N_0}}\right)\\
&=\sum_{d=d_{\text{free}}}^{\infty} \sum_{k=1}^{n_d} Q\left(\sqrt{\frac{\left(\sqrt{r_{d,k}}F_{\text{r}}\sqrt{r_{d,k}E_{\text{r}}}+\sqrt{g_{d,k}}F_{\text{g}}\sqrt{g_{d,k}E_{\text{g}}}+\sqrt{b_{d,k}}F_{\text{b}}\sqrt{b_{d,k}E_{\text{b}}}\right)^2}{\left(r_{d,k}F_{\text{r}}^2+g_{d,k}F_{\text{g}}^2+b_{d,k}F_{\text{b}}^2\right)N_0}}\right)\\
&\geqslant\sum_{d=d_{\text{free}}}^{\infty} \sum_{k=1}^{n_d} Q\left(\sqrt{\frac{\left(r_{d,k}F_{\text{r}}^2+g_{d,k}F_{\text{g}}^2+b_{d,k}F_{\text{b}}^2\right)\left(r_{d,k}E_{\text{r}}+g_{d,k}E_{\text{r}}+b_{d,k}E_{\text{r}}\right)}{\left(r_{d,k}F_{\text{r}}^2+g_{d,k}F_{\text{g}}^2+b_{d,k}F_{\text{b}}^2\right)N_0}}\right)\\
&=\sum_{d=d_{\text{free}}}^{\infty} \sum_{k=1}^{n_d} Q\left(\sqrt{\frac{\left(r_{d,k}E_{\text{r}}+g_{d,k}E_{\text{r}}+b_{d,k}E_{\text{r}}\right)}{N_0}}\right)
\end{aligned} \tag{5-8}$$

最后的等号只有当

$$F_{\text{r}}:F_{\text{g}}:F_{\text{b}}=\sqrt{E_{\text{r}}}:\sqrt{E_{\text{g}}}:\sqrt{E_{\text{b}}} \tag{5-9}$$

时才成立。

另外，为了保证经过预失真后的信号平均功率保持不变，预失真权重系数应当满足

$$F_{\text{r}}^2+F_{\text{g}}^2+F_{\text{b}}^2=3 \tag{5-10}$$

因此，预失真模块的最优权重系数为

$$F_{\text{r}}=\frac{\sqrt{3}M_{\text{r}}\eta_{\text{r}}}{\sqrt{M_{\text{r}}^2\eta_{\text{r}}^2+M_{\text{g}}^2\eta_{\text{g}}^2+M_{\text{b}}^2\eta_{\text{b}}^2}} \tag{5-11}$$

$$F_{\text{g}}=\frac{\sqrt{3}M_{\text{g}}\eta_{\text{g}}}{\sqrt{M_{\text{r}}^2\eta_{\text{r}}^2+M_{\text{g}}^2\eta_{\text{g}}^2+M_{\text{b}}^2\eta_{\text{b}}^2}} \tag{5-12}$$

$$F_{\text{b}}=\frac{\sqrt{3}M_{\text{b}}\eta_{\text{b}}}{\sqrt{M_{\text{r}}^2\eta_{\text{r}}^2+M_{\text{g}}^2\eta_{\text{g}}^2+M_{\text{b}}^2\eta_{\text{b}}^2}} \tag{5-13}$$

可以看出，式 (5-11)~式 (5-13) 给出的最优权重系数只依赖发射光功率和光电转换器的系数，而与卷积码的结构无关，因此它可以应用于各种采用卷积码的可见光通信系统中。

式 (5-3) 中的预失真操作的复杂度非常低，只需要一个计数器和一个乘法器即可。当采用最优的预失真权重系数时，初次错误概率的联合上界得以最小化，因此软判决译码器的性能将得到提高，这也会在 5.1.4 节的仿真中验证。

对于其他的软判决译码器，例如 LDPC 码置信传播算法译码器 [129] 和 Turbo 码的 BCJR 译码器 [144]，由于它们码字的复杂性以及译码算法通常需要迭代，它们的误码率不容易通过闭式解表示。因此，寻找它们所需的预失真最优权重系数会比较困难。但是，基于维特比译码器得到的最优权重系数应用于这些编译码系统时，也可以获得可观的性能增益，这也将在 5.1.4 节的仿真中给出。

5.1.4　仿真结果

本节仿真验证了采用预失真模块的 RGB 型白光通信系统的性能。仿真中采用了两种不同的 RGB 型白光 LED，在第 1 种 LED 中，红、绿、蓝三种颜色的光波长分别为 610 nm，555 nm 和 450 nm，对应的光强比例为 $M_\mathrm{r}:M_\mathrm{g}:M_\mathrm{b}=1:2.62:1.96$。在第 2 种 LED 中，红、绿、蓝三种颜色的光波长分别为 610 nm，565 nm 和 450 nm，对应的光强比例为 $M_\mathrm{r}:M_\mathrm{g}:M_\mathrm{b}=1:11.17:7.19$。这两种白光 LED 的参数来自文献 [15] 中的第 3 种和第 4 种 LED（见表 5.1）。仿真采用的调制方式为 OOK 调制，为了简化计算，不同颜色的光电转换器的效率设为相同，这不会改变接收端三路信号不同的性质，因此可以用于验证本章的算法。第 2 种光强比例更加不均等，因此相比第 1 种光强比例的系统，它的性能损失将更大。

仿真中采用了 3 种信道编码，分别是卷积码、LDPC 码和 Turbo 码。其中，卷积码的码率为 1/2，约束长度为 7，生成多项式为 $[171,133]_8$，其对应的软判决译码器采用维特比译码，回溯长度为约束长度的 5 倍。LDPC 码采用 IEEE 802.11 标准中码长 1944，码率 1/2 的 LDPC 码 [128]，其对应的译码算法为置信传播算法 [129]，最大迭代次数为 30 次。Turbo 码采用

3GPP2 中码长 1440，码率 1/3 的 Turbo 码，译码采用 BCJR 算法，迭代次数为 6 次。

图 5.2~图 5.4 分别给出了在无预失真模块和有预失真模块情况下采用卷积码、LDPC 码和 Turbo 码的 RGB 型白光通信系统的误比特率仿真结果。图中也给出了三种颜色的光等比例分配，即光强比例为 $M_r:M_g:M_b=1:1:1$ 时的仿真结果作为参考。这条理想的误比特率曲线并不能用于实际的照明系统中，这是由于为了生成白光，不同颜色光的强度应当不同。

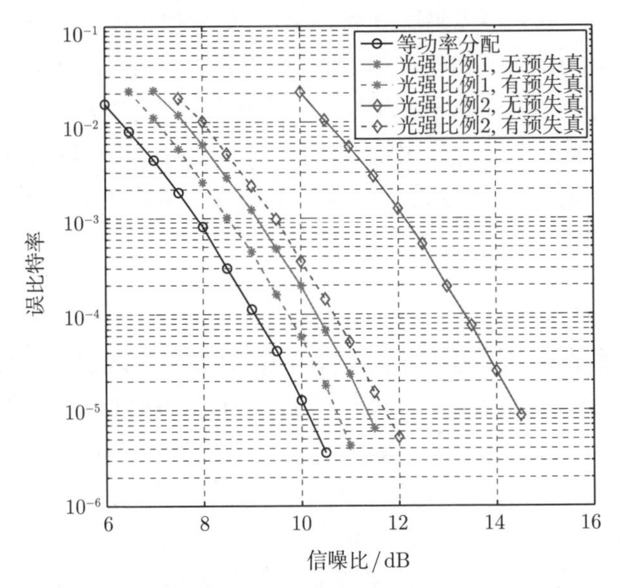

图 5.2 RGB 型白光 LED 通信系统误比特率仿真结果

信道编码为卷积码，译码器采用维特比译码

从图 5.2~图 5.4 中的结果可以看出，当在接收端增加预失真模块后，其中一些 RGB 型白光通信系统的接收性能有明显的提高。在误比特率为 10^{-5} 和考虑第 1 种光强比例时，采用卷积码、LDPC 码和 Turbo 码的系统性能增益分别为 0.6 dB，0.7 dB 和 0.5 dB。由于第 2 种光强比例比第 1 种更加不平均，因此当采用第 2 种光强比例时，系统的误比特率性能有了明显的恶化。但是，此时使用预失真模块获得的增益也更加明显，在误比特率为 10^{-5} 时，采用卷积码、LDPC 码和 Turbo 码的系统性能增益分别达到 2.8 dB，3.9 dB 和 2.2 dB。

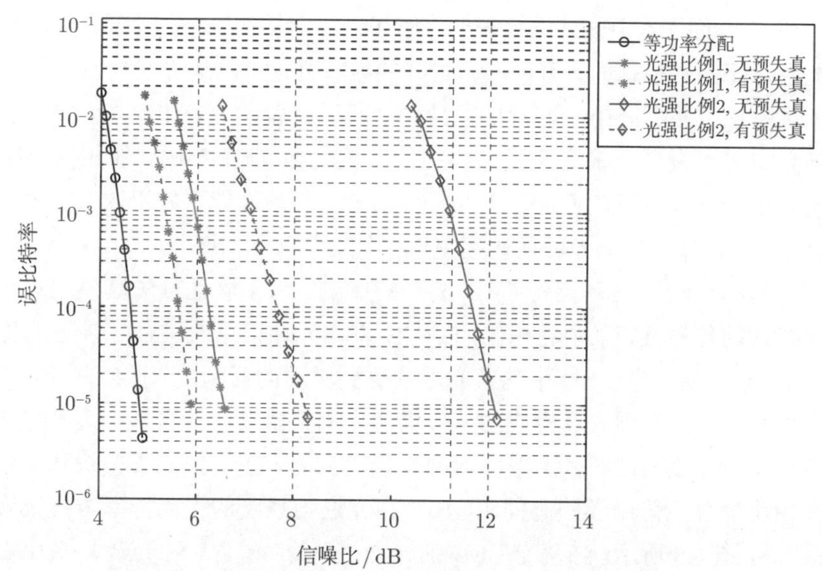

图 5.3　RGB 型白光 LED 通信系统误比特率仿真结果

信道编码为 LDPC 码，译码器采用置信传播算法译码

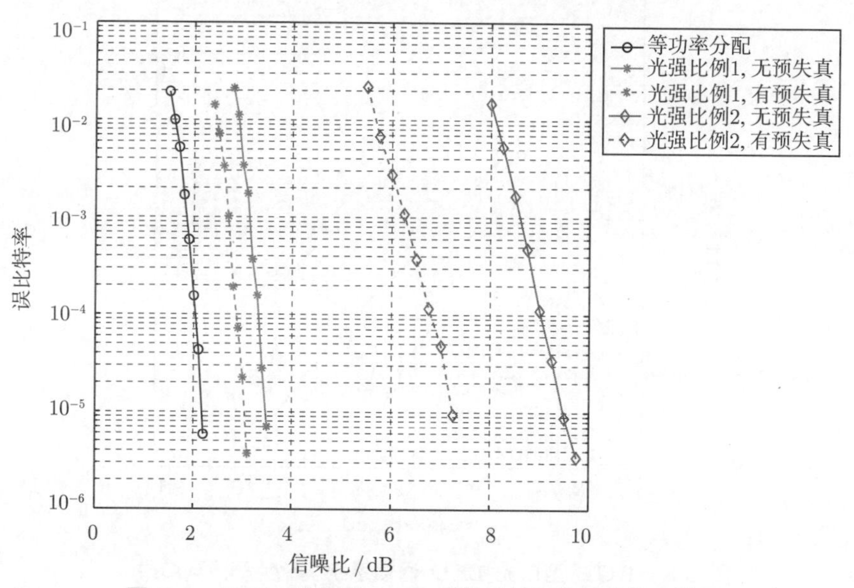

图 5.4　RGB 型白光 LED 通信系统误比特率仿真结果

信道编码为 Turbo 码，译码器采用 BCJR 译码

图 5.2~图 5.4 中的结果也表明，当红、绿、蓝三色光采用均等的功率分配进行照明和通信时，可以取得最好的接收性能，但是考虑到照明的功能，这种方式并不能用于实际的系统中。通过比较图 5.2 和图 5.3 中的仿真结果也可以发现，采用迭代译码的信道编码如 LDPC 码，在相同码率时比卷积码具有更好的性能。图 5.4 中 Turbo 码的性能要好于图 5.3 中的 LDPC，但是由于 Turbo 码的码率更低，因此没有可比性。

照明的扰动通常是受到 LED 驱动的影响，为了验证预失真模块对于照明扰动的鲁棒性，采用卷积码的 RGB 型白光通信系统进行了以下的仿真。设 RGB 型白光 LED 中的蓝光芯片受到驱动的影响，光强会有 5% 和 20% 的变化，但是预失真模块的系数仍然采用无扰动时的系数，其他的仿真条件保持不变。此时，当采用两种光强比例时，在无预失真模块和有预失真模块情况下采用卷积码的 RGB 型白光通信系统的误比特率仿真结果如图 5.5，图 5.6 所示。当蓝光 LED 的光强扰动为 5% 时，对于第 1 种 LED 其性能损失可以忽略不计，而当扰动增大到 20% 时，此时相比无扰动的情

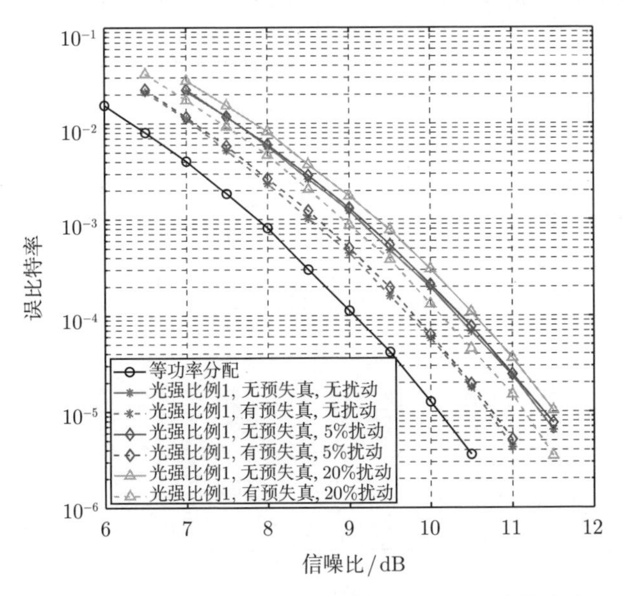

图 5.5 RGB 型白光 LED 通信系统误比特率仿真结果

LED 采用光强比例 1，考虑了 LED 的照明光强扰动，信道编码为卷积码，译码器采用维特比译码

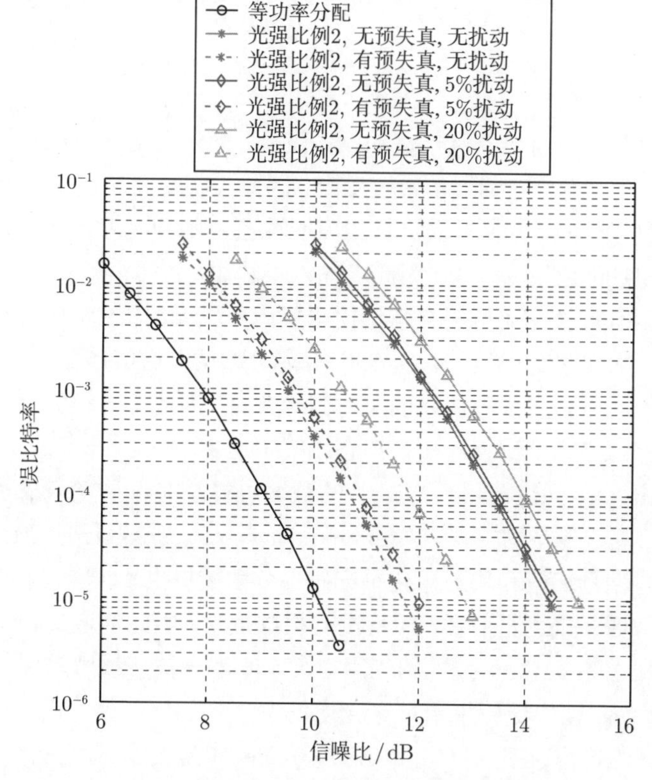

图 5.6　RGB 型白光 LED 通信系统误比特率仿真结果

LED 采用光强比例 2，考虑了 LED 的照明光强扰动，
信道编码为卷积码，译码器采用维特比译码

况会有 0.44 dB 的性能损失。但是，如果将其与没有预失真模块的系统相比，采用非最优预失真系数的系统仍然有 0.36 dB 的性能增益。

类似地，对于第 2 种 LED，从图 5.6 可以看出，当蓝光 LED 光强的扰动为 5% 时，预失真后的系统有 0.26 dB 的性能损失，当扰动增大到 20% 时，性能的损失也增大到 0.89 dB。但是，如果与无预失真的系统相比，采用非最优预失真系数的系统仍然有 2.12 dB 的性能增益。从图 5.5 和图 5.6 中的结果可以看出，本节提出的预失真算法对 LED 的照明扰动具有一定的鲁棒性。

5.2 基于 MIMO-OFDM 的多用户可见光通信系统

5.2.1 研究背景

虽然可见光本身有非常丰富的频谱资源，但是商用 LED 器件通常是为照明进行的优化，它的通信带宽受限，因此为实现高速可见光通信带来了挑战 [145]。同时，为了提供足够的照明覆盖范围和亮度，室内通常会使用多个 LED 同时照明 [146]。因此多输入多输出（multiple-input multiple-output，MIMO）技术可以很自然地用于室内可见光通信中，以提高系统的传输速率 [78]。近来，基于多用户的 MIMO 可见光通信也受到广泛关注，由于可见光通信采用强度调制的发射信号非负，因此与传统射频通信有所不同 [147–149]。在文献 [147] 中，作者比较了迫零（zero forcing，ZF）和脏纸编码（dirty paper coding，DPC）的预编码算法在可见光广播系统中的性能，随后基于最小均方误差（minimum mean squared error，MMSE）准则的最优线性预编码和块对角化预编码也分别被提出 [148,149]。但是，由于可见光通信通常采用直射径，而且没有相位信息，因此信道的相关性比较强，这不利于光 MIMO 技术的应用 [150]。作为一种高频谱效率的调制方式，光 OFDM 被广泛应用于可见光通信中，并已经实现了高达吉比特每秒（Gb/s）的传输速率 [30,31]。MIMO-OFDM 作为无线通信中一个重要的技术，常被用于支持多用户通信和提高传输速率 [151,152]，但是在可见光通信中却鲜有研究。文献 [35] 中展示了一个采用 MIMO-OFDM 的可见光通信系统，但是它需要在接收端使用成像透镜来分离来自不同 LED 的信息，因此无法用于多用户的场景。

本节研究了基于 MIMO-OFDM 的多用户可见光通信系统。不同链路长度会造成不同的传输延时，这使其在频域具有复数的信道增益，并对应不同的相位。当传输带宽较高时，这种相位的差异不能被忽略。因此，本节考虑在每个 LED 单元采用 OFDM 进行调制，对于 OFDM 的每个子载波，计算对应的预编码矩阵，以消除多用户间的干扰。当在频域进行处理时，可以利用复数而不是实数的信道矩阵进行预编码，从而降低信道的相关性。另外，为了保证传输信号非负，基于 DCO-OFDM 调制的两种不同直流偏置和缩放因子算法被提出，并与采用 ACO-OFDM 调制的系统性能进行了比较。

5.2.2　系统模型

一个多用户 MIMO 可见光通信系统如图 5.7 所示，其中一个房间中安装了多个 LED 单元，可以合作同时为多个用户通信。这里考虑一个天花板上有 N_t 个 LED 单元，接收平面有 N_r 个用户的系统，其中每个用户的接收端只有一个光电探测器（photodiode，PD），且 $N_t \geqslant N_r$。为了消除多用户间的干扰，发送的 $N_r \times 1$ 维数据向量 $\boldsymbol{d}$ 需要经过预编码得到一个 $N_t \times 1$ 维发送向量 $\boldsymbol{x}$。由于可见光通信中采用强度调制，需要保证经过预编码后的发送向量中的每个元素均为非负实数。

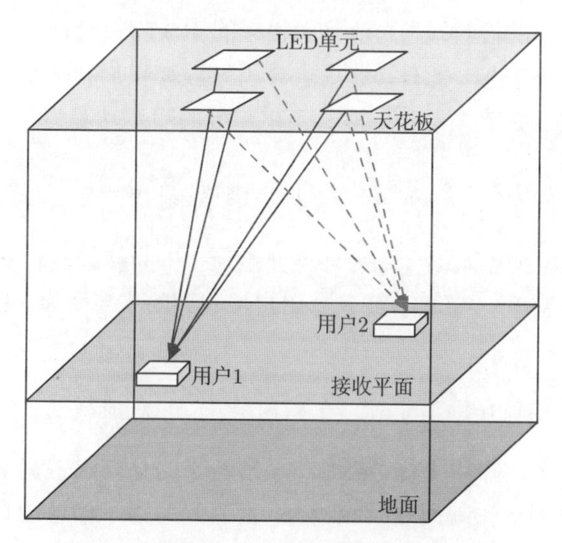

图 5.7　多用户 MIMO 可见光通信系统

第 q 个 LED 单元到第 p 个用户的子信道直流增益为 [150]

$$h_{p,q}^{\mathrm{DC}} = \begin{cases} \dfrac{\rho_p A_p}{d_{p,q}^2} R(\phi_q)\cos(\varphi_{p,q}), & \varphi_{p,q} \leqslant \Psi_{c,p} \\ 0, & \varphi_{p,q} > \Psi_{c,p} \end{cases} \tag{5-14}$$

其中，ρ_p 为 PD 的响应系数，$d_{p,q}$ 为第 q 个 LED 单元到第 p 个用户的距离，ϕ_q 为第 q 个 LED 单元的发射角，$\varphi_{p,q}$ 为光的入射角，$\Psi_{c,p}$ 是第 p 个用户的视场角。

与传统射频通信不同的是，信道矩阵 $\boldsymbol{H}^{\mathrm{DC}} = \left\{h_{p,q}^{\mathrm{DC}}\right\}_{N_r \times N_t}$ 是实数，当用户相隔较近时相关性很强 [78]。对于第 p 个用户，接收端的有效接收

面积为 A_p，它可以由式 (5-15) 算出：

$$A_p = \gamma^2 A_{\mathrm{PD},p} / \sin^2(\Psi_{c,p}) \tag{5-15}$$

其中，γ 是 PD 的聚光折射率，$A_{\mathrm{PD},p}$ 是第 p 个用户 PD 的面积。在式 (5-14) 中，$R(\phi_{p,q})$ 表示广义朗伯辐射强度，定义为 [150]

$$R(\phi_q) = [(m+1)\cos^m(\phi_q)] / 2\pi \tag{5-16}$$

其中，m 为朗伯发射模式号。

在每个用户的接收端，光信号由相应的 PD 直接检测，以得到幅度与光强成正比的电信号。此外，这里也会引入散弹噪声和热噪声，可以建模均值为 0 的实的白高斯噪声，第 p 个用户处的噪声功率为 [150]

$$\sigma_p^2 = 2eP_pB + 2e\rho_p\chi_{\mathrm{amb}}A_p[1-\cos(\Psi_{c,p})]B + i_{\mathrm{amp}}^2 B \tag{5-17}$$

其中，e 表示电子电荷，χ_{amb} 为环境光电流，B 为接收端带宽，i_{amp} 是前置放大器噪声密度，P_p 表示第 p 个用户接收到的来自所有 LED 的平均光功率。

5.2.3 基于 MIMO-OFDM 的多用户可见光通信

在现有的多用户可见光通信中，通常考虑的是有限带宽下的单载波调制 [147–149]。因此，预编码在时域进行，而且只考虑了信道的直流增益。由于不同的 LED 到用户的信道路径长度不同，它们的传输延时不同，会导致变换到频域时，产生复的信道增益和相位的差异。因此，式 (5-14) 中第 q 个 LED 单元到第 p 个用户的子信道时域信道响应可以重写为

$$h_{p,q}(t) = h_{p,q}^{\mathrm{DC}}\delta\left(t - \frac{d_{p,q}}{c}\right) \tag{5-18}$$

其中，$\delta(\cdot)$ 为单位脉冲函数，c 是光速。因此，第 k 个子载波的频域信道响应为

$$H_{p,q,k} = h_{p,q}^{\mathrm{DC}} \exp\left(-\frac{\mathrm{j}2\pi kBd_{p,q}}{Nc}\right) \tag{5-19}$$

其中，N 为 FFT 的大小。可以看出，当考虑时间延迟时，频域信道响应是复数，频域响应的相位与带宽成正比。当采用高带宽的元件以实现高速可

见光传输时 [36-38]，这个相位信息不能再被忽略。因此，考虑基于 MIMO-OFDM 的多用户可见光通信系统，对于不同的频率分别进行预编码。

设系统带宽为 B，在 OFDM 中被分为 N 个子载波并行传输。对于用户 p，信息比特首先被映射为复的符号 $D_{p,k}$, $k=0,1,\cdots,N-1$。由于强度调制需要输出信号为实数，因此子载波需满足厄米对称，$D_{p,k}=D_{p,N-k}^{*}$, $k=1,2,\cdots,N/2-1$，而且 $D_{p,0}$ 和 $D_{p,N/2}$ 被置为 0。

在 MIMO-OFDM 多用户可见光通信系统中，需要针对每个子载波分别预编码，以消除用户间干扰。设第 $k(k=0,1,\cdots,N-1)$ 个子载波的预编码系数为 $\{W_{p,q,k}, 1\leqslant p\leqslant N_r, 1\leqslant q\leqslant N_t\}$，那么经过预编码后，$N_r$ 个用户的信号加权，其在第 q 个 LED 单元上的频域信号为

$$X_{q,k}=\sum_{p=1}^{N_r}W_{p,q,k}D_{p,k},\ k=0,1,\cdots,N-1 \tag{5-20}$$

其中，$X_{q,k}$ 也是复数信号，而且满足厄米对称的性质。

随后，第 q 个 LED 单元上的频域信号经过 IFFT 得到实数的时域信号

$$x_{q,n}=\frac{1}{\sqrt{N}}\sum_{k=0}^{N-1}X_{q,n}\exp\left(\mathrm{j}\frac{2\pi}{N}nk\right),\ n=0,1,\cdots,N-1 \tag{5-21}$$

在每个 OFDM 时域符号 $\boldsymbol{x}_q=[x_{q,0},x_{q,1},\cdots,x_{q,N-1}]^{\mathrm{T}}$ 前，需要添加一个循环前缀以消除接收端的符号间干扰。

5.2.4　预编码设计

在第 p 个用户的接收端，接收信号经过 FFT 后得到频域信号

$$\begin{aligned}R_{p,k}&=\sum_{q=1}^{N_t}H_{p,q,k}X_{q,k}+Z_{p,k}\\&=\boldsymbol{H}_{p,k}^{\mathrm{T}}\boldsymbol{W}_{p,k}D_{p,k}+\sum_{l\neq p}^{N_t}\boldsymbol{H}_{l,k}^{\mathrm{T}}\boldsymbol{W}_{l,k}D_{l,k}+Z_{p,k},\\&\quad k=0,1,\cdots,N-1\end{aligned} \tag{5-22}$$

其中，$\boldsymbol{H}_{p,k}^{\mathrm{T}}$，$\boldsymbol{W}_{p,k}$ 和 $\boldsymbol{W}_{l,k}$ 分别是第 k 个子载波对应的 $N_t\times 1$ 维的信道和预编码向量，$Z_{p,k}$ 为第 k 个子载波上的等效噪声。式 (5-22) 中的第 1 项

$\boldsymbol{H}_{p,k}^{\mathrm{T}}\boldsymbol{W}_{p,k}D_{p,k}$ 代表第 p 个用户的有用信号，而第 2 项 $\sum\limits_{l\neq p}^{N_t}\boldsymbol{H}_{l,k}^{\mathrm{T}}\boldsymbol{W}_{l,k}D_{l,k}$ 则是其他用户对第 p 个用户的干扰，需要经过预编码消除。

当考虑所有 N_r 个用户时，可以将式 (5-22) 改写为矩阵的形式

$$\boldsymbol{R}_k=\boldsymbol{H}_k\boldsymbol{W}_k\boldsymbol{D}_k+\boldsymbol{Z}_k,\quad k=0,1,\cdots,N-1 \tag{5-23}$$

其中，$\boldsymbol{D}_k=[D_{1,k},D_{2,k},\cdots,D_{N_r,k}]^{\mathrm{T}}$ 和 $\boldsymbol{R}_k=[R_{1,k},R_{2,k},\cdots,R_{N_r,k}]^{\mathrm{T}}$ 分别表示第 k 个子载波上发送和接收的符号向量，$\boldsymbol{H}_k=\left[\boldsymbol{H}_{1,k},\boldsymbol{H}_{2,k},\cdots,\boldsymbol{H}_{N_r,k}\right]^{\mathrm{T}}$ 和 $\boldsymbol{W}_k=[\boldsymbol{W}_{1,k},\boldsymbol{W}_{2,k},\cdots,\boldsymbol{W}_{N_r,k}]$ 分别代表对应的信道和预编码矩阵，$\boldsymbol{Z}_k$ 是第 k 个子载波上的噪声向量。

从式 (5-19) 可以看出，不同子载波上对应的信道响应是不同的，因此它们的预编码矩阵需要被分别计算。在射频通信中已经有一些预编码算法被提出 [153,154]，本节采用两种比较简单的算法来实现，分别是迫零和 MMSE 算法。

在迫零预编码中，干扰的消除是通过将干扰项直接置零实现的，也就是说将矩阵 $\boldsymbol{H}_k\boldsymbol{W}_k$ 对角化 [153]

$$\boldsymbol{H}_k\boldsymbol{W}_k=\mathrm{diag}\left(\boldsymbol{\lambda}_k\right) \tag{5-24}$$

其中，所有的 $\boldsymbol{\lambda}_k$ 均为正数，且预编码矩阵为

$$\boldsymbol{W}_k=\boldsymbol{H}_k^{\dagger}\mathrm{diag}\left(\boldsymbol{\lambda}_k\right)=\boldsymbol{H}_k^{\mathrm{H}}\left(\boldsymbol{H}_k\boldsymbol{H}_k^{\mathrm{H}}\right)^{-1}\mathrm{diag}\left(\boldsymbol{\lambda}_k\right) \tag{5-25}$$

其中，$(\cdot)^{\dagger}$ 和 $(\cdot)^{\mathrm{H}}$ 分别表示矩阵的伪逆和共轭转置。迫零预编码在信噪比较高时具有良好的性能，但是当信道矩阵病态时，迫零均衡会放大噪声功率，从而造成性能的恶化 [154]。

在线性 MMSE 预编码中，接收端的干扰并不是直接置为零，而是根据干扰和噪声对信干噪比影响的大小，在两者之前折中。基于 MMSE 的预编码矩阵为 [154]

$$\boldsymbol{W}_k=\boldsymbol{H}_k^{\mathrm{H}}\left[\boldsymbol{H}_k\boldsymbol{H}_k^{\mathrm{H}}+\mathrm{diag}\left(\boldsymbol{\sigma}_{\boldsymbol{Z}_k}^2\right)\right]^{-1}\mathrm{diag}\left(\boldsymbol{\lambda}_k\right) \tag{5-26}$$

其中，$\boldsymbol{\sigma}_{\boldsymbol{Z}_k}^2$ 表示向量 $\boldsymbol{Z}_k$ 的方差，$(\cdot)^{\mathrm{H}}$ 表示矩阵的共轭转置。

5.2.4.1　基于 DCO-OFDM 的多用户 MIMO 可见光通信

由于经过式 (5-21) 生成的 $x_{q,n}$ 信号是双极性的，采用 DCO-OFDM 需要在发射端加入直流偏置以保证信号的非负性，设第 q 个发射端的直流偏置为 $P_{\mathrm{DC},q}$。基于 MIMO-OFDM 的多用户可见光通信系统框架如图 5.8 所示。第 q 个发射端的直流偏置可以记为 [89]

$$\bar{P}_{\mathrm{DC},q}=\eta\sqrt{E\left\{x_{q,n}^2\right\}} \tag{5-27}$$

其中，η 表示直流偏置系数。式 (5-27) 通常被写为 $10\lg\left(\eta^2+1\right)$ dB 的形式，代表了原始 OFDM 信号电功率的增加程度。在直流偏置的选择时，需要保证有效电功率和限幅失真的折中，这里设所需要的最小直流偏置系数为 η_0 [89]。

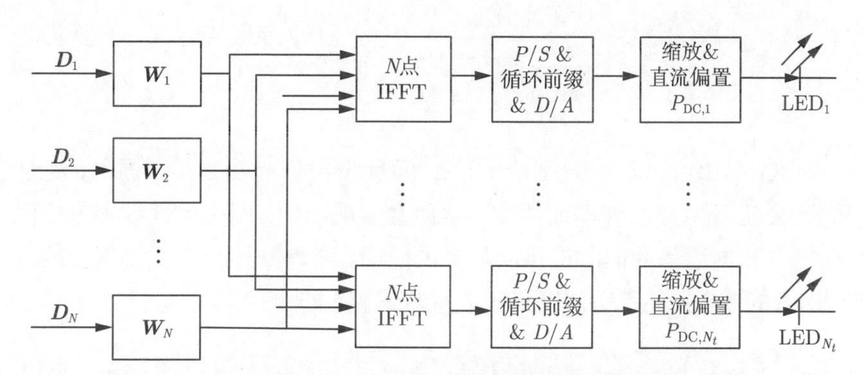

图 5.8　基于 MIMO-OFDM 的多用户可见光通信系统框架

假设有 N_r 个用户，N_t 个 LED 单元和 N 个子载波

当经过预编码后，N_t 个发射端的电功率各不相同，因此它们所需的最小直流偏置也不相同。如果对不同的发射端采用各自所需的最小直流偏置，有

$$\bar{P}_{\mathrm{DC},q}=\eta_0\sqrt{E\left\{x_{q,n}^2\right\}},\quad q=0,1,\cdots,N_t-1 \tag{5-28}$$

那么第 q 个 LED 单元的发光功率为

$$P_{\mathrm{opt},q}=E\left\{x_{q,n}+\bar{P}_{\mathrm{DC},q}\right\}=E\left\{x_{q,n}\right\}+\bar{P}_{\mathrm{DC},q}=\bar{P}_{\mathrm{DC},q} \tag{5-29}$$

其中，等号成立的原因是，根据式 (5-21) 得到的 OFDM 信号 $x_{q,n}$ 的期望值为零。

当根据照明需求，约束所有 LED 单元的平均光功率为 P 时，经过直流偏置的信号需要进行缩放以满足约束，则第 q 个 LED 单元发送的信号为

$$y_{q,n} = \alpha\left(x_{q,n} + \bar{P}_{\mathrm{DC},q}\right) \tag{5-30}$$

其中，缩放因子为

$$\alpha = \frac{N_t P}{\sum\limits_{q=1}^{N_t} P_{\mathrm{DC},q}} = \frac{N_t P}{\eta_0 \sum\limits_{q=1}^{N_t} \sqrt{E\left\{x_{q,n}^2\right\}}} \tag{5-31}$$

因此，第 q 个 LED 单元实际用到的直流偏置为

$$P_{\mathrm{DC},q} = \alpha \bar{P}_{\mathrm{DC},q} = \frac{\sqrt{E\left\{x_{q,n}^2\right\}} N_t P}{\sum\limits_{q=1}^{N_t} \sqrt{E\left\{x_{q,n}^2\right\}}}, \quad q = 0, 1, \cdots, N_t - 1 \tag{5-32}$$

从式 (5-32) 可以看出，N_t 个 LED 单元发射的光功率是不同的，而且它们还会随着用户的移动而改变，从而会影响 LED 照明的性能。为了保证在提供数据通信的同时提供高质量的照明，考虑一种统一直流偏置的方案，所有的 LED 单元均使用相同的直流偏置，即

$$P_{\mathrm{DC},q} = P \tag{5-33}$$

但是为了避免每个 LED 灯上的限幅失真，这个直流偏置需要满足所有灯的最小电功率需求，因此对应的缩放因子为

$$\alpha = \frac{P}{\eta_0 \sqrt{\max\limits_{1 \leqslant q \leqslant N_t} \left(E\left\{x_{q,n}^2\right\}\right)}} \tag{5-34}$$

当采用这样的直流偏置和缩放因子时，由于大多数的 LED 都使用了更高的直流偏置，因此系统的功率效率有一定的降低。

5.2.4.2 基于 ACO-OFDM 的多用户 MIMO 可见光通信

另外，也可以使用 ACO-OFDM 来保证信号的非负性，其中只有奇数的子载波调制有用信号，而偶数的子载波置零。虽然发射信号不需要直流

偏置，但仍然需要对信号进行缩放以满足照明亮度的需求。由于 $x_{q,n}$ 满足高斯分布，经过限幅后的 ACO-OFDM 信号 $x_{q,n}^{(c)}$ 的光功率为 [89]

$$P_{\mathrm{opt},q} = E\left\{x_{q,n}^{(c)}\right\} = \sqrt{E\left\{x_{q,n}^{2}\right\}/2\pi} \tag{5-35}$$

因此第 q 个 LED 单元对应的缩放因子为

$$\alpha = \frac{N_t P}{\sum\limits_{q=1}^{N_t} P_{\mathrm{opt},q}} = \frac{N_t P}{\sum\limits_{q=1}^{N_t} \sqrt{E\left\{x_{q,n}^{2}\right\}/2\pi}} \tag{5-36}$$

由于 ACO-OFDM 不需要直流偏置，因此与 DCO-OFDM 相比具有更高的功率效率。当采用相同的光功率时，ACO-OFDM 可以使用更高阶的星座映射来提高频谱效率。但是，由于只使用了奇数的子载波，会使得在相同调制阶数时的频谱效率减半。因此 ACO-OFDM 中不使用直流偏置并不总是能够带来频谱效率的提高。

5.2.5　仿真结果

本节仿真了基于 MIMO-OFDM 的多用户可见光通信系统的性能，其中设施内有 4 个 LED 单元和两个用户。仿真通过计算用户的总可达频谱效率来衡量系统的性能，可达频谱效率的计算利用接收端的信干噪比得到 $\sum\limits_{p=1}^{N_r}\log_2(1+\mathrm{SINR}_p)$，其中 SINR_p 为第 p 个用户的信干噪比。仿真参数在表 5.2 中给出，其中 LED 和 PD 的参数来自文献 [150]。由于天花板到接收平面的垂直距离为 2.15 m，水平距离在 $2.15\tan 62^\circ\ \mathrm{m} \approx 4.04\ \mathrm{m}$ 内的接收机都可以接收到至少一个 LED 的光照，因此这样的参数设置可以保证整个房间的照明覆盖，而且在大多数情况下，用户都可以同时接收到 4 个 LED 发出的信号。在仿真中假设了两种用户的位置分布。在第 1 种位置分布中，用户 1 和用户 2 的坐标分别为 [2.5 2.5 0.85] 和 [3.2 3.9 0.85]，此时两个用户相隔较远，因此信道矩阵的条件数比较小。在第 2 种位置分布中，两个用户的坐标分别为 [2.05 1.6 0.85] 和 [2.05 1.4 0.85]，此时由于距离很近，会导致信道矩阵的相关性比较强。预编码算法分别使用了迫零和 MMSE 准则，最小直流偏置系数设为 3，以保证小于 0.15% 的信号被置零，从而使限幅失真可以忽略不计。

表 5.2 可见光通信系统仿真参数设置

参数	数值
房间大小 (长 × 宽 × 高)	5 m × 5 m × 3 m
LED 1 坐标	[1.25 1.25 3]
LED 2 坐标	[1.25 3.75 3]
LED 3 坐标	[3.75 1.25 3]
LED 4 坐标	[3.75 3.75 3]
LED 发射角 ϕ_q	60°
PD 面积 $A_{\mathrm{PD},p}$	1 cm^2
PD 响应系数 ρ_p	0.4 A/W
PD 聚光折射率 γ	1.5
朗伯发射模式号 m	1
接收端视场角 $\Psi_{c,p}$	62°
前置放大器噪声密度 i_{amp}	5 pA·Hz$^{1/2}$
环境光电流 χ_{amp}	10.93 A/(m^2·Sr)
系统带宽 B	1 GHz
OFDM 子载波数 N	64
循环前缀长度 N_{CP}	3

图 5.9 给出了在平均光功率 $P = 0$ dBW 时，每个子载波对应的可达

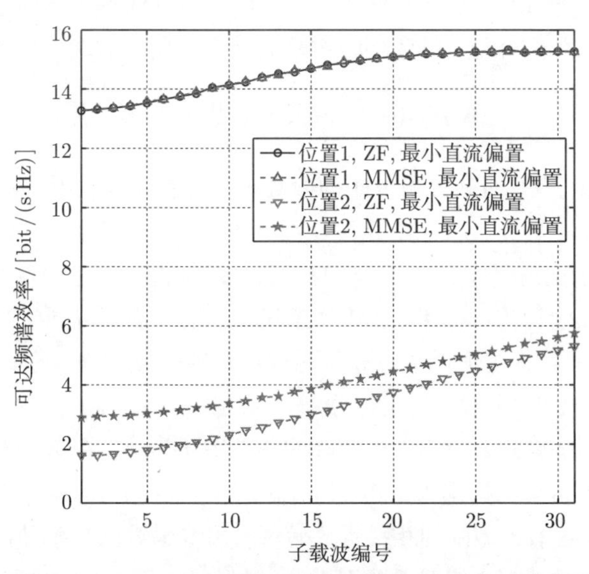

图 5.9 采用 DCO-OFDM 的多用户 MIMO 可见光通信在平均光功率 $P = 0$ dBW，最小直流偏置时各子载波上的可达频谱效率

频谱效率，其中每个发射端 DCO-OFDM 采用最小直流偏置。由于使用了厄米对称，实际只有第 1~31 个子载波携带有效信息。可以看出，随着子载波编号的增加，可达频谱效率逐渐上升，在第 2 种位置分布时更加明显。这是由于此时更高编号子载波对应更大的相位差异，因此其信道矩阵相关性比较弱，而这对于用户间隔比较近的情形更加有用。

图 5.10 给出了采用 DCO-OFDM 的多用户 MIMO 可见光通信在不同光功率和直流偏置时的可达频谱效率，其中最小直流偏置和统一直流偏置参数根据 5.2.4.1 节得出。可以看出，采用 MMSE 准则的预编码方案要优于迫零算法。当平均光功率较低时，噪声是信干噪比中的主要成分，因此 MMSE 算法可以取得更高的频谱效率。这种性能的增益在第 2 种用户位置分布，也就是信道矩阵病态时更加明显。此外，采用最小直流偏置的方法相比采用统一直流偏置的方法有更高的频谱效率，这是由于更多的功率

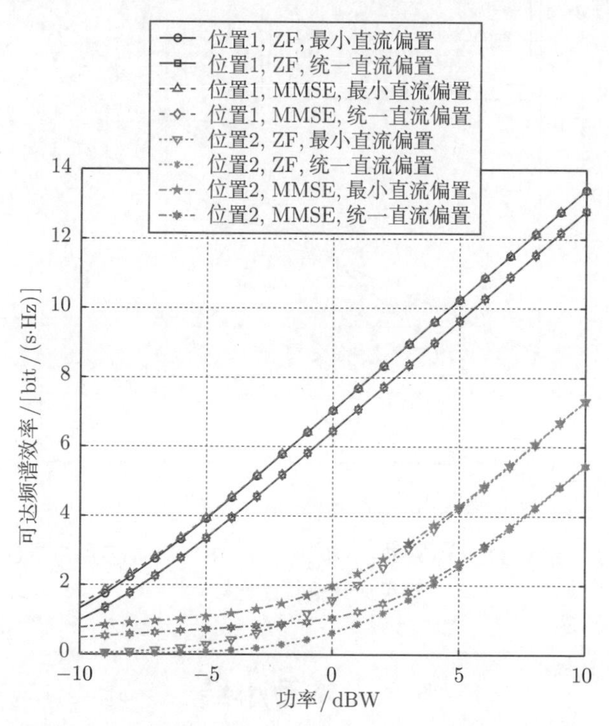

图 5.10　采用 DCO-OFDM 的多用户 MIMO 可见光通信在不同光功率和直流偏置时的平均可达频谱效率

被用于信号的传输。但是，采用统一直流偏置的方案可以提供更好的照明效果。

图 5.11 比较了采用 DCO-OFDM 和 ACO-OFDM 的多用户 MIMO 可见光通信性能，其中 DCO-OFDM 采用最小直流偏置方案，预编码都采用迫零准则。可以看出，当平均光功率较低时，采用 ACO-OFDM 的系统性能优于采用 DCO-OFDM 的系统性能。但是，随着发射光功率的增加，当可达频谱效率超过 6 bit/(s·Hz) 时，采用 ACO-OFDM 的系统性能反而更差。这是由于尽管 ACO-OFDM 不需要通过直流偏置来提高功率效率，而且可以在相同光功率下使用更高阶的星座映射，但是其中一半的子载波资源浪费了。当使用高阶调制时，节省功率带来的好处无法弥补空闲子载波造成的频谱效率损失，这也与 5.2.4.2 节中的分析吻合。

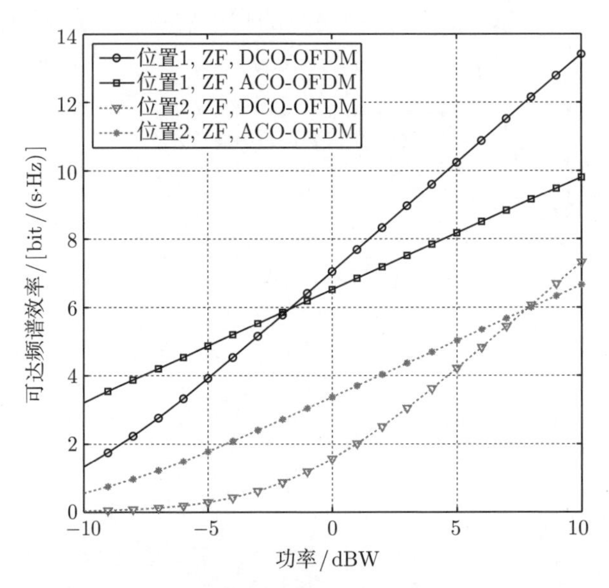

图 5.11 采用 DCO-OFDM 和 ACO-OFDM 的多用户 MIMO 可见光通信性能比较

5.3 本章小结

本章研究了多光源可见光通信系统中的调制技术。在使用 RGB 型白光 LED 进行光通信时，编码后的比特经过红、绿、蓝三路光并行发出。为了得到白光，三种颜色的光强度不同，同时不同颜色的光电转换器效率也可能不同，这导致来自不同支路的信号可信度不同，在接收端采用软判决译码时会造成性能的损失。本书提出一种应用于 RGB 型白光 LED 通信系统的接收端预失真算法，在软判决译码器前添加一个预失真模块，对不同可信度的信号给予不同的权重，通过最优化预失真系数降低误码率，提高系统的性能。仿真结果表明，采用接收端预失真算法的系统性能有明显的改善。在多灯多用户 MIMO 可见光通信系统中，不同链路长度会造成不同的传输延时，这使得信道增益在频域对应不同的相位。当采用高传输带宽时，这种相位的差异不能被忽略。本章提出了基于 MIMO-OFDM 的多用户可见光通信预编码方案，在每个 LED 单元采用 OFDM 进行调制，对于 OFDM 的每个子载波，分别计算对应的复数预编码矩阵，以消除多用户间的干扰。在发送信号为非负实数的约束下，比较了采用不同调制方式、预编码算法以及直流偏置时的系统性能。

第 6 章　低复杂度可见光通信编码调制系统研究

在实际的可见光通信系统中，为了保证信息的可靠传输，需要结合信道编码进一步降低系统的误码率。本章提出基于 APSK 的可见光通信编码调制系统，由于 APSK 星座图更加接近高斯分布，可以提供成形增益。当结合软判决译码时，采用 APSK 的系统相比 QAM 调制的系统具有更好的性能。然而，软判决译码需要计算每个比特的对数似然比，传统的解映射算法具有很高的实现复杂度，限制了高阶调制的使用。因此本章针对格雷映射星座图提出一种通用的低复杂度解映射算法，利用格雷星座映射的对称和可分解结构，通过快速搜索解调所需星座点，避免了计算所有星座符号对应的欧氏距离平方，从而在保证通信系统差错控制性能的前提下，有效降低可见光通信系统接收机的实现复杂度。

6.1　基于 APSK 的可见光通信编码调制系统

一个基于光 OFDM 的可见光通信编码调制系统如图 6.1 所示。在发射端，信息比特首先经过信道编码器，编码后的比特以 m 个为一组记为 $\boldsymbol{b}=\left(b_0\ b_1\ \cdots\ b_{m-1}\right)$，比特向量 $\boldsymbol{b}$ 再根据星座图映射为符号 $X\in\mathcal{S}$，其中 $\mathcal{S}=\{S_l,0\leqslant l<2^m\}$ 表示包含 2^m 个星座点的星座集合，目前比较常用的星座映射为 QAM [29–31]。这些符号经过串并转换和厄米对称之后，设其为 X_k, $k=0,1,\cdots,N-1$，其中 N 为 OFDM 符号长度，$X_k=X^*_{N-k}$, $k=1,2,\cdots,N/2-1$。经过 IFFT 后，可以得到实数的时域信号。在 DCO-OFDM 中，双极性的时域信号利用一个直流偏置来保证信号的非负性，而在 ACO-

OFDM 中，只调制奇数的子载波，从而可以在时域通过非对称限幅以获得非负的信号。因此，经过直流偏置或者限幅后，得到一个非负的电信号，用于调制 LED 的瞬时光功率。在接收端，光信号经过 APD 的检测转换为电信号，经过 FFT 后，可以得到相应的频域符号，经过解映射操作后，得到每个比特的对数似然比，并用于信道译码。

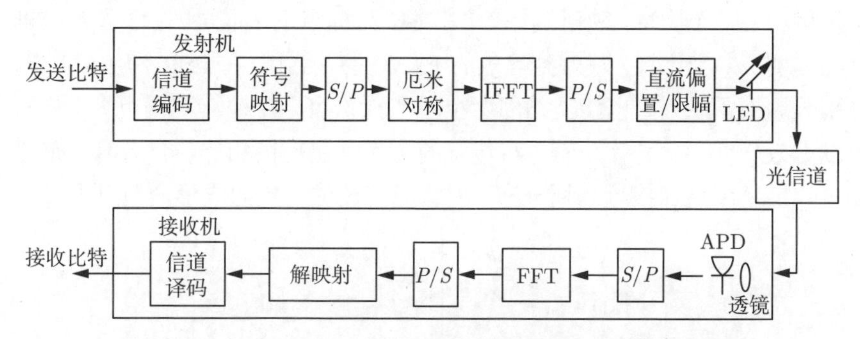

图 6.1　基于光 OFDM 的可见光通信编码调制系统框架

在传统的基于光 OFDM 的可见光通信系统中，子载波通常采用 QAM 星座映射，而且信道编码在系统优化中并没有被联合考虑。在高斯信道下，由于 APSK 星座图相比 QAM 更加接近高斯分布，因此能够提供一定的成形增益 [155–157]，当结合信道编码时，APSK 将具有更好的性能。因此本节提出采用 APSK 星座映射的可见光通信编码调制系统。

6.1.1　APSK 星座映射

一个 $M = 2^m$ 阶的 APSK 星座图包含 R 个同心环，并且星座点分布在同心环上均匀的 PSK 信号上。M-APSK 星座集合可以写为 $\mathcal{S} = \left\{\gamma_u \exp\left[\mathrm{j}(2\pi v/n_u + \theta_u)\right], 0 \leqslant v < n_u, 0 \leqslant u < R\right\}$，其中 n_u，γ_u 和 θ_u 分别表示第 u 个环的 PSK 星座点数，环半径及相位偏移，而且有 $\sum\limits_{u=0}^{R-1} n_u = M$ [155]。

文献 [156] 中提出了一个乘积 APSK 星座设计，$M = 2^m$ 阶 APSK 星座图包括了 $R = 2^{m_2}$ 个同心环，每个环上都有 $n_u = 2^{m_1}$ 个 PSK 星座点，其中 $m_1 + m_2 = m$。第 u 个同心环的半径为

$$\gamma_u = \sqrt{-\ln\left[1 - (u + 1/2)\,2^{-m_2}\right]}, \quad 0 \leqslant u < R \tag{6-1}$$

其中，$\left(2^{m}=2^{m_1}\times 2^{m_2}\right)$-APSK 可以看作一个 2^{m_1} 阶 PSK 和一个 2^{m_2} 阶 PAM 的乘积，其中对应的 PAM 和 PSK 的星座点集合分别为 $\mathcal{A}=\left\{\gamma_u, 0\leqslant u<2^{m_2}\right\}$ 和 $\mathcal{P}=\left\{p_v=\exp(\mathrm{j}\varphi_v), \varphi_v=(2v+1)\pi/2^{m_1}, 0\leqslant v<2^{m_1}\right\}$ [158]，一个 64 阶格雷 APSK 星座图如图 6.2 所示 [156]。可以将 m 比特的向量 $\boldsymbol{b}$ 划分为两个子向量 $\boldsymbol{b}^P$ 和 $\boldsymbol{b}^A$，其长度分别为 m_1 和 m_2。其中，$\boldsymbol{b}^P$ 包含了 $\boldsymbol{b}$ 中左侧的 m_1 个比特，映射到等效的 PSK 星座点上，而 $\boldsymbol{b}^A$ 包含了 $\boldsymbol{b}$ 中剩余的右侧 m_2 个比特，映射到等效的 PAM 星座点上。在 PSK 和 PAM 中，分别采用格雷映射，也就是相邻两个星座点只有一个比特不同 [159]，从而可以有效降低误比特率 [160]。与传统的 QAM 星座图相比，非均匀分布的 APSK 星座图更加接近高斯分布，因此能够提供一定的成形增益 [157]。

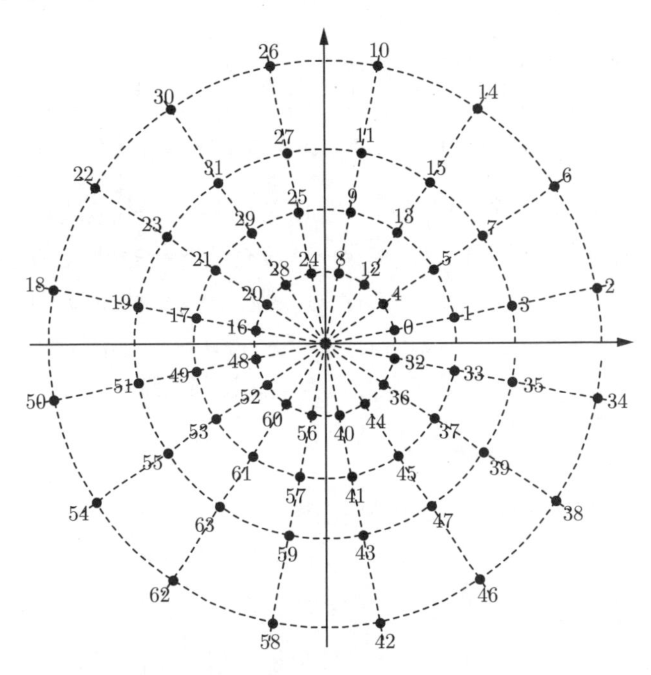

图 6.2　格雷 64APSK 星座图

6.1.2　解映射算法

在接收端，接收信号经过 FFT 后记为 $R_k, k=0,1,\cdots,N-1$，为了表达简便，本章后面的推导中将省略符号的下标，记为 R，那么有 $R=HX+W$，其中 X 为发送信号，H 为信道状态信息，假设经过相位均衡后

H 为非负实数且已知，W 为高斯白噪声，通常假设 W 服从均值为 0、方差为 N_0 的复高斯分布，因此 R 的概率密度函数可以写为

$$p(R|X)=\frac{1}{\pi N_0}\exp\left(-\frac{|R-HX|^2}{N_0}\right) \tag{6-2}$$

对于 LDPC 码和 Turbo 码等性能优异的信道编码，译码器的输入通常为比特的软信息，第 i 个比特的软信息可以根据对数域的最大后验概率（maximum a posteriori probability based in log-domain，Log-MAP）解映射算法得到[161]：

$$L_i=\ln\frac{P(b_i=0|R)}{P(b_i=1|R)}=\log\frac{\sum\limits_{X\in\mathcal{S}_i^{(0)}}P(X|R)}{\sum\limits_{x\in\mathcal{X}_i^{(1)}}P(X|R)}=\log\frac{\sum\limits_{X\in\mathcal{S}_i^{(0)}}p(R|X)}{\sum\limits_{X\in\mathcal{S}_i^{(1)}}p(R|X)},\quad 0\leqslant i<m \tag{6-3}$$

其中，$\mathcal{S}_i^{(b)}$ 表示 $\mathcal{S}$ 中第 i 个比特为 $b\in\{0,1\}$ 的星座点子集。最后一个等号成立利用了贝叶斯公式和发送符号 $S_l,0\leqslant l<2^m$ 等概率的假设。可以看出，式 (6-3) 中的 Log-MAP 解映射算法需要大量的指数和对数运算，具有很高的复杂度。因此，可以对其进行近似，得到 Max-Log-MAP 解映射算法[162]

$$L_i\approx\ln\frac{\max\limits_{X\in\mathcal{S}_i^{(0)}}p(R|X)}{\max\limits_{X\in\mathcal{S}_i^{(1)}}p(R|X)}=-\frac{1}{N_0}\left(\min_{X\in\mathcal{S}_i^{(0)}}|R-HX|^2-\min_{X\in\mathcal{S}_i^{(1)}}|R-HX|^2\right) \tag{6-4}$$

从而消除了高复杂度的指数和对数运算，但是其复杂度依然很高。为了找出式 (6-4) 中对应的最小欧氏距离的平方，通常需要计算任意发送星座符号所对应的欧氏距离的平方 $|R-HX|^2$，其中 $X\in\mathcal{S}$。对于一个 2^m 阶的星座图需要计算 2^m 个欧氏距离的平方，因此它的乘法复杂度可写为 $O(2^m)$。在可见光通信中通常采用高阶调制来提高系统的频谱效率，此时解映射计算的复杂度将急剧上升。

6.2　低复杂度解映射算法

为了降低解映射的复杂度，针对不同的星座图有一些简化算法被提出。针对 PSK，文献 [163] 利用一个简化函数递归生成每个比特的软信

息，将 32PSK 解映射所需的乘法数量降低了 59%。通过将 2^m 阶 QAM 分解为同相与正交的 $2^{m/2}$ 阶 PAM，其对应的复杂度可以从 $O(2^m)$ 降到 $O(2^{m/2})$ [164, 165]，利用分段线性近似，可以将复杂度进一步降到 $O(m)$，但是这个近似会造成性能的损失 [166]。文献 [167] 提出了类似的针对 APSK 的解映射器，将星座点通过基于硬判决门限的边界线进行分组，并且计算接收信号和边界线的距离作为软信息。通过近似操作后 16APSK 和 32APSK 的解映射乘法次数分别减小至 4 和 11。同时，文献 [168] 提出了用于多级编码的 APSK 简化解映射器，但是需要很大的内存。对于 $(2^{m_1} \times 2^{m_2} = 2^m)$ 阶的乘积 APSK，它可以看作一个 2^{m_1} 阶 PSK 和一个 2^{m_2} 阶 PAM 的乘积，因此它的解映射复杂度可以通过 PSK 和 PAM 信号的分别处理从 $O(2^m)$ 降到 $O(2^{m_1}) + O(2^{m_2})$ [158]。

本节将提出一种针对格雷映射的通用低复杂度解映射算法，利用格雷映射的对称性，可以将 2^m 阶星座点的解映射复杂度从 $O(2^m)$ 降到 $O(m)$，同时，对于 PAM、PSK 和 QAM 星座映射，本节提出的低复杂度解映射算法可以达到与传统 Max-Log-MAP 算法完全相同的性能，而对于乘积 APSK 星座点，低复杂度算法的性能损失几乎可以忽略不计。

通过观察式 (6-4) 可以发现，其中对应的两个最小欧氏距离平方必定包括了接收符号 R 到最近的星座点 S^* 的欧氏距离平方 $\min\limits_{X\in\mathcal{S}}|R-HX|^2$。设符号 S^* 对应的比特向量为 $\boldsymbol{b}^* = (b_0^*\ b_1^* \cdots b_{m-1}^*)$，式 (6-4) 中另一项为 R 到星座点子集 $\mathcal{S}_i^{(\overline{b_i^*})}$ 中最近的星座点的欧氏距离的平方，设对应的星座点为 $S_{i,\overline{b_i^*}}^*$，其中 $\overline{b_i^*} = 1 - b_i^*$。

对于格雷映射，下面将证明 S^* 和 $S_{i,\overline{b_i^*}}^*$ 可以通过简单的比较和加法运算得到，之后只需要计算 $m+1$ 个欧氏距离的平方 $|R-HS^*|^2$ 和 $|R-HS_{i,\overline{b_i^*}}^*|^2, 0 \leqslant i < m$。因此，解映射器的复杂度可以降到 $O(m)$。

在此将解映射操作分为三个步骤：① 通过待解调符号 R 求解星座点 S 的最大似然估计 S^* 以及与所述最大似然估计对应的映射比特向量 $\boldsymbol{b}^*$，也就是搜索距离 R 最近的星座点 S^*；② 找出第 i 比特为 $\overline{b_i^*}$ 的星座子集合 $\mathcal{S}_i^{(\overline{b_i^*})}$ 中使欧氏距离平方 $|R-HX|^2$ 最小的星座点 $S_{i,\overline{b_i^*}}^*$；③ 根据最大似然估计 S^*、映射比特向量 $\boldsymbol{b}^*$ 及星座点 $\mathcal{S}_i^{(\overline{b_i^*})}$ 计算第 i 比特的解调输出 L_i。

对于格雷映射，可以利用文献 [169] 中给出的引理来计算 $\boldsymbol{b}$。

引理 6.1　对于格雷映射 $\boldsymbol{b} \to S_l$，设 $\boldsymbol{c}^l = \left(c_0^l\ c_1^l \cdots c_{m-1}^l\right)$ 为 l 的最左最重要比特二进制表示。则映射比特向量 $\boldsymbol{b}$ 的计算公式为

$$\boldsymbol{b} = \left(c_0^l\ c_1^l \cdots c_{m-1}^l\right) \oplus \left(0\ c_0^l \cdots c_{m-2}^l\right) \tag{6-5}$$

其中，$\oplus$ 表示按位模二加。

对于不同的星座图，S^* 和 $S^*_{i,\overline{b_i^*}}$ 的表达式略有不同，下面将分别介绍格雷 PAM、QAM、PSK 和乘积 APSK 的低复杂度解映射算法。

6.2.1　PAM 解映射

对于 2^m 阶格雷 PAM，设星座点为 $S_0, S_1, \cdots, S_{2^m-1}$，其中，第 l 个星座点为 $S_l = \delta\left[-\left(2^m - 1\right) + 2l\right]/2$，$\delta$ 为相邻两个星座点之间的间距。PAM 的低复杂度解映射算法步骤如下：

(1) 通过待解调符号 R 求解星座点 S 的最大似然估计 S^* 以及与所述最大似然估计对应的映射比特向量 $\boldsymbol{b}^*$。对于 2^m-PAM，信号空间可以利用 $-\left(2^{m-1}-1\right)\delta, -\left(2^{m-1}-2\right)\delta, \cdots, \left(2^{m-1}-1\right)\delta$ 分为 2^m 个区间，由于这些区间的阈值为常数，因此其与 H 的乘法运算可以利用移位相加得到。另外，可以利用二进制查找的方法来确定 R 所对应的区间，因此只需要 m 次比较就可以得到 $S^* = S_{l^*}$，对应的比特向量 $\boldsymbol{b}^*$ 可以利用引理 6.1 得出。一个格雷 8PAM 的星座图如图 6.3 所示，其中 $l^* = 2$，$\boldsymbol{b}^* = (0\ 1\ 1)$。

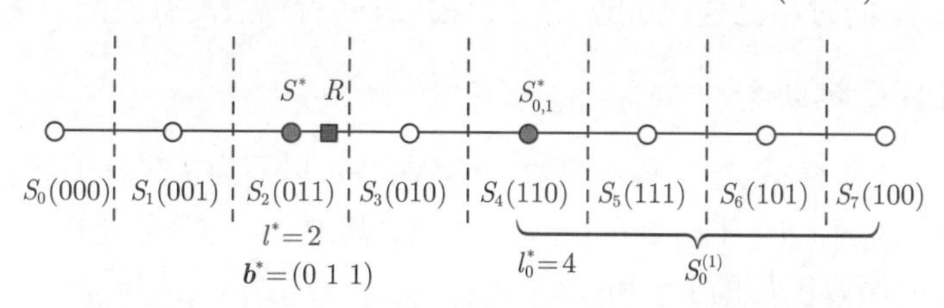

图 6.3　格雷 8PAM 星座图及其第 0 个比特的解映射

(2) 找出第 i 比特为 $\overline{b_i^*}$ 的星座子集合 $\mathcal{S}_i^{(\overline{b_i^*})}$ 中使欧氏距离平方 $|R - HX|^2$ 最小的星座点 $S^*_{i,\overline{b_i^*}}$。考虑到格雷 PAM 星座图的对称性，可以由引理 6.2 来计算 $S^*_{i,\overline{b_i^*}}$，只需要 l^* 的二进制表示和加法操作，而不需要计算 R 到 $\mathcal{S}_i^{(\overline{b_i^*})}$ 中所有星座点的欧氏距离平方和比较这 2^{m-1} 个数值。

引理 6.2　对于格雷 PAM 映射 $\boldsymbol{b}^* \to S_{l^*}$，其中，$S_{l^*}$ 是距离接收符号 R 最近的星座点，设 $\boldsymbol{c}^{l^*} = \left(c_0^{l^*}\ c_1^{l^*} \cdots c_{m-1}^{l^*}\right)$ 为 l^* 的最左最重要比特的二

进制表示，那么星座点子集 $\mathcal{S}_i^{(\overline{b_i^*})}$ 中距离接收符号 R 最近的星座点为

$$S^*_{i,\overline{b_i^*}} = S_{l_i^*} \tag{6-6}$$

其中

$$l_i^* = 2^{m-i-1} - c_i^{l^*} + \sum_{k=0}^{i-1} c_k^{l^*} 2^{m-k-1} \tag{6-7}$$

证明 见附录 A。

(3) 根据最大似然估计 S^*、映射比特向量 $\boldsymbol{b}^*$ 及星座点 $\mathcal{S}_i^{(\overline{b_i^*})}$ 计算第 i 比特的解调输出 L_i。可以将式 (6-4) 改写为

$$L_i = -\frac{1}{N_0}(1-2b_i^*)\left(\left|R-HX^*\right|^2 - \left|R-HX^*_{i,\overline{b_i^*}}\right|^2\right) \tag{6-8}$$

可以看出对于格雷 PAM，式 (6-8) 与式 (6-4) 是等价的，因此简化解映射算法的性能与传统 Max-Log-MAP 解映射算法完全相同，而它的复杂度则从 $O(2^m)$ 降到了 $O(m)$。

6.2.2 QAM 解映射

2^m 阶格雷 QAM 可以分别为两个同相和正交的 $2^{m/2}$ 阶格雷 PAM，因此可以分别利用前面提到的 PAM 简化解映射算法对这两个 PAM 信号的对数似然比分别计算，因此格雷 QAM 的解映射复杂度也可以从 $O(2^m)$ 降到 $O(m)$，同时相比传统 Max-Log-MAP 解映射算法没有性能损失。

6.2.3 PSK 解映射

对于 2^m 阶格雷 PSK 星座映射，星座集合可以写为极坐标的形式 $\mathcal{S} = \left\{S_l = \sqrt{E_{\rm s}}\exp\left[{\rm j}(2l+1)\pi/2^m\right], 0 \leqslant l < 2^m\right\}$，其中 $E_{\rm s}$ 为符号能量。一个格雷 8PSK 的星座图如图 6.4 所示。

将接收符号 R 也写为极坐标的形式 $R = \rho_R \exp\left({\rm j}\varphi_R\right)$，其中 ρ_R 和 φ_R 分别是 R 的幅度和相位，而且 $0 \leqslant \varphi_R < 2\pi$。那么欧氏距离的平方可以写为

$$\begin{aligned}|R-HX|^2 =& \left|\rho_R\exp({\rm j}\varphi_R) - H\sqrt{E_{\rm s}}\exp({\rm j}\varphi_X)\right|^2\\ =& \rho_R^2 + H^2E_{\rm s} - 2\rho_R H\sqrt{E_{\rm s}}\cos(\varphi_X-\varphi_R)\\ =& \rho_R^2 + H^2E_{\rm s} - 2\rho_R H\sqrt{E_{\rm s}}\cos(\phi(X,R))\end{aligned} \tag{6-9}$$

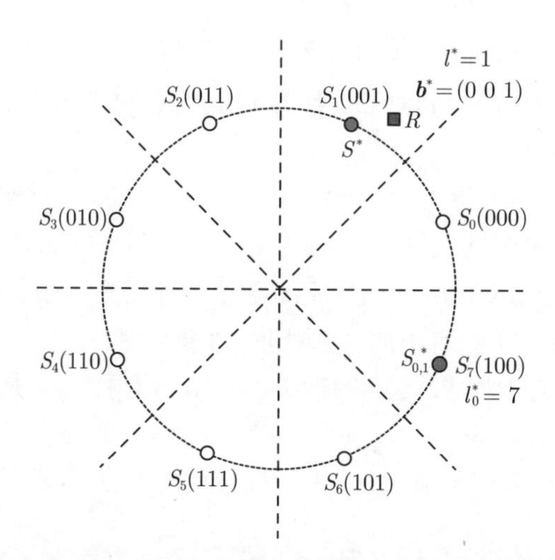

图 6.4　格雷 8PSK 星座图及其第 0 个比特的解映射

其中，φ_X 是 X 的相位，$\phi(x,y)$ 定义为

$$\phi(x,y)=\begin{cases}|\varphi_x-\varphi_y|, & 0\leqslant|\varphi_x-\varphi_y|\leqslant\pi\\ 2\pi-|\varphi_x-\varphi_y|, & \pi<|\varphi_x-\varphi_y|<2\pi\end{cases}\tag{6-10}$$

可以看出 $\phi(x,y)\in[0,\ \pi]$ 是可交换的，而且式 (6-10) 满足三角不等式，即 $\forall x,y,z\in\mathbb{C}$ 有

$$\phi(x,z)\leqslant\phi(x,y)+\phi(y,z)\tag{6-11}$$

其中，$\mathbb{C}$ 表示复数空间。式 (6-11) 的证明在附录 B 中给出。因此 $\phi(x,y)$ 定义了一个 $\mathbb{C}$ 上的距离，在这里称为 x 和 y 的相位距离。

将 $X\in\mathbb{C}$ 与一个正实数相乘不会改变它的相位，即 $\varphi_{HX}=\varphi_X,\forall H>0$，因此，有 $\phi(HX,R)=\phi(X,R),\forall H>0$。由于余弦函数在区间 $[0,\ \pi]$ 内单调递减，因此最小化式 (6-9) 中的欧氏距离平方 $|R-HX|^2$ 等价于最小化相位距离 $\phi(X,R)$，可以只使用相位信息来进行 PSK 的解映射运算。

(1) 通过待解调符号 R 求解星座点 S 的最大似然估计 S^* 以及与所述最大似然估计对应的映射比特向量 $\boldsymbol{b}^*$。对于 2^m-PSK，可以将其相位分为 2^m 个区间，每个区间的阈值为 $0,\pi/2^{m-1},\cdots,(2^m-1)\pi/2^{m-1}$，如图 6.4 所示。$S^*$ 可以通过比较 φ_R 与这些相位的阈值得到，当采用二进制查找算法时，只需要 m 次比较操作。与 PAM 解映射器类似的是，当得到 $S^* = S_{l^*}$ 后，可以利用引理 6.1 得到对应的比特向量 $\boldsymbol{b}^*$。对于图 6.4 中的例子，有 $l^* = 1$，$\boldsymbol{b}^* = (0\ 0\ 1)$。

(2) 找出第 i 比特为 $\overline{b_i^*}$ 的星座子集合 $\mathcal{S}_i^{(\overline{b_i^*})}$ 中使欧氏距离平方 $|R - HX|^2$ 最小的星座点 $S^*_{i,\overline{b_i^*}}$。与 PAM 星座图不同的是，PSK 星座图是圆对称的，而且用来比较的相位距离函数是分段的，因此 PSK 解映射中的 $S^*_{i,\overline{b_i^*}}$ 计算与 PAM 略有不同，由引理 6.3 得到。

引理 6.3 对于格雷 PSK 映射 $\boldsymbol{b}^* \to S_{l^*}$，其中，$S_{l^*}$ 是距离接收符号 R 最近的星座点，设 $\boldsymbol{c}^{l^*} = \left(c_0^{l^*}\ c_1^{l^*} \cdots c_{m-1}^{l^*}\right)$ 为 l^* 的最左最重要比特的二进制表示，那么星座点子集 $\mathcal{S}_i^{(\overline{b_i^*})}$ 中距离接收符号 R 最近的星座点为

$$S^*_{i,\overline{b_i^*}} = S_{l_i^*} \tag{6-12}$$

其中

$$l_i^* = \begin{cases} \overline{c_0^{l^*}}\, 2^{m-1} + \overline{c_1^{l^*}}\left(2^{m-1} - 1\right), & i = 0 \\ 2^{m-i-1} - c_i^{l^*} + \sum_{k=0}^{i-1} c_k^{l^*}\, 2^{m-k-1}, & i > 0 \end{cases} \tag{6-13}$$

证明 见附录 C。

(3) 根据最大似然估计 S^*、映射比特向量 $\boldsymbol{b}^*$、星座点 $\mathcal{S}_i^{(\overline{b_i^*})}$ 及式 (6-8) 计算第 i 比特的解调输出 L_i。

可以看出对于格雷 PSK，式 (6-8) 与式 (6-4) 也是等价的，因此简化解映射算法的性能与传统 Max-Log-MAP 解映射算法完全相同，而它的复杂度则从 $O(2^m)$ 降到了 $O(m)$。

6.2.4 APSK 解映射

6.2.4.1 APSK 解映射算法

与之前提到的星座映射相同，格雷 APSK 的 Max-Log-MAP 解映射算法也使用式 (6-4)。将发送符号 X 和接收符号 R 都写成极坐标的形式，那么欧氏距离平方可以写为

$$\begin{aligned} |R - HX|^2 &= \rho_R^2 + H^2\rho_X^2 - 2H\rho_X\rho_R\cos(\phi(X,R)) \\ &= \left(\rho_R\cos(\phi(X,R)) - H\rho_X\right)^2 + \rho_R^2\sin^2(\phi(X,R)) \end{aligned} \tag{6-14}$$

其中，ρ_X 和 ρ_R 分别表示 X 和 R 的幅度，$\phi(X,R)$ 为式 (6-10) 中定义的 X 和 R 的相位距离。

由于 APSK 星座图的圆对称性，因此到 R 最近的星座点 S^* 具有最小的相位距离，也就是说 $\phi(S^*,R)$ 是集合 $\{\phi(X,R),\varphi_X \in \mathcal{P}\}$ 中最小的元素，且不大于 $\pi/2^{m_1}$。

根据式 (6-14), S^* 的幅度 ρ_{S^*} 满足

$$\rho_{S^*} = \arg\min_{\rho_X \in \mathcal{A}} \left|\rho_R \cos\left(\phi(S^*,R)\right) - H\rho_X\right| \tag{6-15}$$

当得到 S^* 的幅度和相位后，可以很容易得出对应的比特向量 $\boldsymbol{b}^*$。而 $S^*_{i,\overline{b_i^*}}$ 的计算则取决于第 i 个比特对应的是相位还是幅度。

当比特对应于 APSK 的相位部分时，即 $0 \leqslant i < m_1$，由于 APSK 中的相位均匀分布，$S^*_{i,\overline{b_i^*}}$ 的相位 $\varphi_{S^*_{i,\overline{b_i^*}}}$ 可以直接利用引理 6.3 得到。而 $S^*_{i,\overline{b_i^*}}$ 的幅度 $\rho_{S^*_{i,\overline{b_i^*}}}$ 满足

$$\rho_{S^*_{i,\overline{b_i^*}}} = \arg\min_{\rho_X \in \mathcal{A}} \left|\rho_R \cos\left[\phi\left(X^*_{i,\overline{b_i^*}},R\right)\right] - H\rho_X\right| \tag{6-16}$$

当比特对应 APSK 的幅度部分时，即 $m_1 \leqslant i < m$，从式 (6-14) 可以看出 $S^*_{i,\overline{b_i^*}}$ 的相位应当与 S^* 相同，而且它的幅度可以由引理 6.2 近似得到。但是，由于 $\mathcal{A}$ 中的幅度是非均匀分布的，这种近似会导致一定的误差，但是从后面的分析可以看出其造成的性能损失非常小。

当得到 S^*，$\boldsymbol{b}^*$ 和 $\mathcal{S}_i^{(\overline{b_i^*})}$ 后，就可以利用式 (6-8) 计算出第 i 个比特的解映射输出。低复杂度 APSK 解映射算法的总结如下。

(1) 通过待解调符号 R 求解星座点 S 的最大似然估计 S^* 以及与所述最大似然估计对应的映射比特向量 $\boldsymbol{b}^*$。S^* 的相位可以通过最小化 R 与 X 的最小相位距离得到，幅度可以利用式 (6-15) 得到。当得到 $\varphi_{S^*} = \varphi_{l^{P^*}}$ 和 $\rho_{S^*} = \gamma_{l^{A^*}}$ 后，可以利用引理 6.1 得到对应的比特子向量 $\boldsymbol{b}^{P^*}$ 和 $\boldsymbol{b}^{A^*}$，因此 $\boldsymbol{b}^* = \left(\boldsymbol{b}^{P^*}\ \boldsymbol{b}^{A^*}\right)$。

(2) 找出第 i 比特为 $\overline{b_i^*}$ 的星座子集合 $\mathcal{S}_i^{(\overline{b_i^*})}$ 中使欧氏距离平方 $|R-HX|^2$ 最小的星座点 $S^*_{i,\overline{b_i^*}}$。对于最左的 m_1 个比特，它们是与 APSK 的相位相关的，因此 $S^*_{i,\overline{b_i^*}}$ 的相位可以由引理 6.3 得到，而它的幅度由式 (6-16) 计算。对于最右的 m_2 个比特，即 $m_1 \leqslant i < m$，它们是与 APSK 的幅度

相关的，此时 $S^*_{i,\overline{b_i^*}}$ 的相位与 φ_{S^*} 相同，而它的幅度可以由引理 6.2 近似得到。

(3) 根据最大似然估计 S^* 和映射比特向量 $\boldsymbol{b}^*$，星座点 $\mathcal{S}_i^{(\overline{b_i^*})}$ 及式 (6-8) 计算第 i 比特的解调输出 L_i。

6.2.4.2 复杂度分析

6.2.4.1 节中第 (1) 步 S^* 的相位可以利用简单的比较运算得到，而它的幅度是利用式 (6-15) 得到的，需要一个乘法器来计算 $\rho_R\cos\big(\phi(S^*,R)\big)$ 以及 m_2 个比较运算。当得到 S^* 后，$\boldsymbol{b}^*$ 的计算需要低复杂度的异或操作。第 (2) 步的复杂度主要来源于 $S^*_{i,\overline{b_i^*}}$ 的幅度计算式 (6-16)，对于 $0\leqslant i<m_1$，需要一个乘法器来得到 $\rho_R\cos\big(\phi(S^*_{i,\overline{b_i^*}},R)\big)$ 和 m_2 个比较器。因此 APSK 的低复杂度解映射算法的复杂度为 $O\big(2\times m_1+m_2\big)\approx O(m)$，相比于 Max-Log-MAP 算法的复杂度 $O\big(2^m\big)$ 有很大的降低。

另一种比较直观的复杂度分析是，$\big(2^m=2^{m_1}\times 2^{m_2}\big)$ 阶 APSK 的低复杂度解映射可以看作 6.2.3 节中简化的 2^{m_1} 阶 PSK 解映射加上 6.2.1 节中简化的 2^{m_2} 阶 PAM 解映射，因此它的复杂度可以近似为 $O\big(m_1\big)+O\big(m_2\big)\approx O(m)$。需要指出的是，本节中提出的 APSK 低复杂度解映射算法的复杂度也远低于文献 [158] 中算法的复杂度，后者的复杂度为 $O\big(2^{m_1}\big)+O\big(2^{m_2}\big)$。

6.2.4.3 性能分析

由于 APSK 星座图中的相位是均匀分布的，因此利用引理 6.3 对最左的 m_1 个比特进行解映射时，得到的结果与采用 Max-Log-MAP 算法是完全一样的。但是，与传统 PAM 不同的是，APSK 中的幅度不是均匀分布的，引理 6.2 在 APSK 的解映射中并不总是成立。因此，当利用引理 6.2 对最右 m_2 个比特进行解映射时，得到的 $S^*_{i,\overline{b_i^*}}$ 不总是集合 $\mathcal{S}_i^{(\overline{b_i^*})}$ 中最靠近 R 的星座点，导致计算得到的对数似然比的绝对值增加和接收性能下降。但是这个性能损失是很小的，下面将分别分析格雷 64APSK 和 256APSK 的性能损失。

如图 6.5 所示，为了计算 $(64=16\times 4)$-APSK 中最右的 2 个比特的对数似然比，将 R 在 φ_{S^*} 方向上进行投影 $\hat{\rho}_R=\rho_R\cos\big(\phi(S^*,R)\big)$，其对应的 4PAM 的判决门限为 $d_1=(\gamma_1+\gamma_2)/2$ 和 $d_2=(\gamma_0+\gamma_3)/2$，且 $d_1<d_2$。若 $\hat{\rho}_R\leqslant d_1$，则有 $\gamma^*=\gamma_0$ 或 $\gamma^*=\gamma_1$，且 $\boldsymbol{b}^{A^*}$ 的第 0 个比特必为 0。第

0 个比特为 1 的星座点集合为 $\mathcal{A}_0^{(1)} = \{\gamma_2, \gamma_3\}$，其中距 $\hat{\rho}_R$ 最近的星座点为 $\gamma_{0,1}^* = \gamma_2$，与引理 6.2 得到的结果相同。若 $\hat{\rho}_R > d_1$，有 $b_0^{A*} = 1$ 和 $\gamma_{0,0}^* = \gamma_1$，也与引理 6.2 得到的结果相同。因此，对于 4PAM 中的第 0 个比特的解映射，本节提出的低复杂度解映射算法可以得到与 Max-Log-MAP 算法相同的结果。

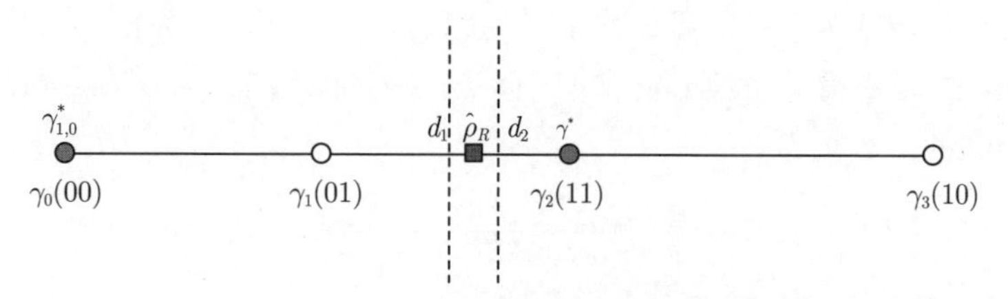

图 6.5　(64 = 16 × 4) 阶 APSK 星座图中分解出的 4PAM

但是，对于 4PAM 中的第 1 个比特，当 $\hat{\rho}_R$ 落入区间 $(d_1,\ d_2)$ 时，$\mathcal{A}$ 中距离 $\hat{\rho}_R$ 的星座点为 $\gamma^* = \gamma_2$，且有 $\boldsymbol{b}^{A^*} = (1\ 1)$ 和 $\mathcal{A}_1^{(0)} = \{\gamma_0, \gamma_3\}$。根据引理 6.2，集合 $\mathcal{A}_1^{(0)}$ 中距离 $\hat{\rho}_R$ 最近的星座点应该为 $\gamma_{1,0}^* = \gamma_3$，但是实际上由于 PAM 星座点此时为非均匀分布，$\hat{\rho}_R$ 更靠近 γ_0。因此本节提出的算法相比式 (6-4) 中的 Max-Log-MAP 算法会得到一个绝对值更大的结果，因此定义 $(d_1,\ d_2)$ 为错误区间。这里得到的对数似然比的偏差值满足

$$\begin{aligned}\Delta L &= \left(|\hat{\rho}_R - \gamma_3|^2 - |\hat{\rho}_R - \gamma_0|^2\right)/N_0\\ &= (\gamma_3 - \gamma_0)(\gamma_0 + \gamma_3 - 2\hat{\rho}_R)/N_0\\ &< (\gamma_3 - \gamma_0)(\gamma_0 + \gamma_3 - \gamma_1 - \gamma_2)/N_0\end{aligned} \tag{6-17}$$

而正确的对数似然比为

$$\begin{aligned}|L_1| &= \left(|\hat{\rho}_R - \gamma_0|^2 - |\hat{\rho}_R - \gamma_2|^2\right)/N_0\\ &= (\gamma_2 - \gamma_0)(2\hat{\rho}_R - \gamma_0 - \gamma_2)/N_0\\ &> (\gamma_2 - \gamma_0)(\gamma_1 - \gamma_0)/N_0\end{aligned} \tag{6-18}$$

因此，ΔL 与 $|L_1|$ 的比例满足

$$\frac{\Delta L}{|L_1|} < \frac{(\gamma_3 - \gamma_0)(\gamma_3 + \gamma_0 - \gamma_1 - \gamma_2)}{(\gamma_2 - \gamma_0)(\gamma_1 - \gamma_0)} \approx 0.708 \tag{6-19}$$

图 6.6 给出了采用 Log-MAP、Max-Log-MAP 和本节提出的低复杂度解映射算法得到的 $(64=16\times4)$-APSK 中的 4PAM 第 1 个比特的对数似然比。可以看出，当 $\hat{\rho}_R$ 在错误区间 $(d_1,\ d_2)$ 之外时，本节提出的算法与 Max-Log-MAP 算法的结果是完全一致的。当 $d_1<\hat{\rho}_R<d_2$ 时，本节提出的算法计算的结果相比于 Max-Log-MAP 算法具有更大的绝对值，但是可以看出，在某些区域内 Log-MAP 算法的结果也比 Max-Log-MAP 算法具有更大的绝对值，而需要指出的是 Log-MAP 算法是最优的结果，Max-Log-MAP 算法只是它的一种近似。

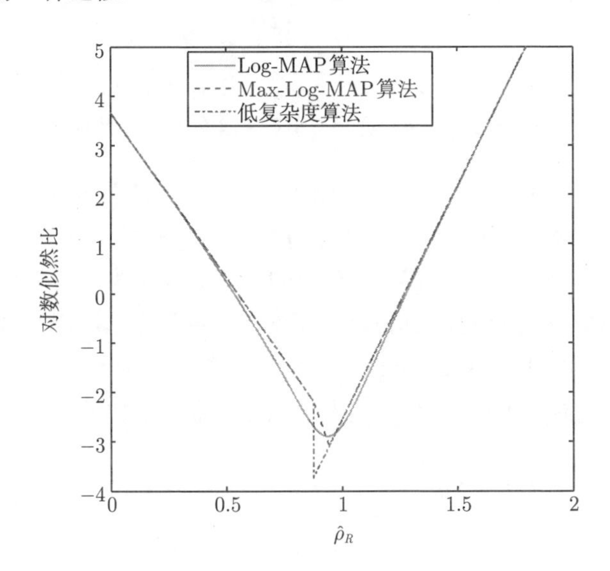

图 6.6 $(64=16\times4)$-APSK 中的 4PAM 第 1 个比特的对数似然比

信噪比为 10 dB

与 $(64=16\times4)$-APSK 相同，对于 $(256=32\times8)$-APSK，其中的幅度对应于 8PAM，解映射的错误只会在最右 3 个比特的计算时出现。如果 $\hat{\rho}_R\leqslant(\gamma_3+\gamma_4)/2$，那么 $\boldsymbol{b}^{A^*}$ 中的第 0 个比特必为 0，第 0 个比特为 1 的星座点集合为 $\mathcal{A}_0^{(1)}=\{\gamma_4,\gamma_5,\gamma_6,\gamma_7\}$，因此 $\mathcal{A}_0^{(1)}$ 中距离 $\hat{\rho}_R$ 最近的星座点为 $\gamma_{0,1}^*=\gamma_4$，与引理 6.2 的结果相同。若 $\hat{\rho}_R>(\gamma_3+\gamma_4)/2$，有 $b_0^{A^*}=1$ 和 $\gamma_{0,0}^*=\gamma_3$，这也与引理 6.2 的结果相同。因此，当对第 0 个比特计算对数似然比时，引理 6.2 不会引入错误。当使用引理 6.2 计算第 1 个比特的对数似然比时，会有一个错误区间 $((\gamma_3+\gamma_4)/2,\ (\gamma_1+\gamma_6)/2)$，而计算第 2 个比特的对数似然比

时会有三个错误区间 $((\gamma_0+\gamma_3)/2,\ (\gamma_1+\gamma_2)/2)$、$((\gamma_3+\gamma_4)/2,\ (\gamma_2+\gamma_5)/2)$ 和 $((\gamma_5+\gamma_6)/2,\ (\gamma_4+\gamma_7)/2)$。图 6.7 给出了采用 Log-MAP、Max-Log-MAP 和本节提出的低复杂度解映射算法得到的 $(256=32\times 8)$-APSK 中的 8PAM 第 1 个比特和第 2 个比特的对数似然比。可以看出，当 $\hat{\rho}_R$ 在错误区间外时，本节提出的算法与 Max-Log-MAP 算法的结果完全相同，而在错误区间内，本节提出的算法结果的绝对值略大于 Max-Log-MAP 算法的结果。

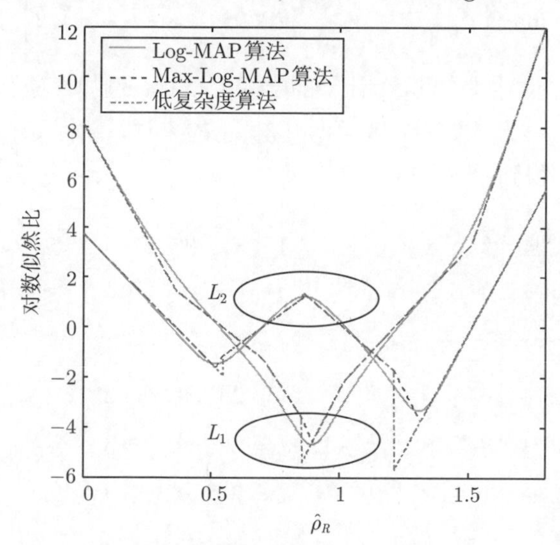

图 6.7　$(256=32\times 8)$-APSK 中的 8PAM 第 1 个和第 2 个比特的对数似然比

信噪比为 14 dB

由于 $\phi(S^*,R)$ 代表了接收符号 R 与所有星座点的最小相位距离，因此有 $\phi(S^*,R)\leqslant \pi/2^{m_1}$。当调制阶数增加时，$\phi(S^*,R)$ 将趋近 0 而 $\cos\left(\phi(S^*,R)\right)$ 则趋近 1。例如，在 $(64=16\times 4)$-APSK 中，有 $m_1=4$，$\phi(S^*,R)\leqslant \pi/16=0.1963$ 和 $\cos\left(\phi(S^*,R)\right)\geqslant 0.9808$，而在 $(256=32\times 8)$-APSK 中，$m_1=5$，$\phi(S^*,R)\leqslant \pi/32=0.0982$，$\cos\left(\phi(S^*,R)\right)\geqslant 0.9952$。因此 $\hat{\rho}_R$ 可以用 ρ_R 来近似，服从莱斯分布

$$p\left(\hat{\rho}_R|\rho_X\right)\approx \frac{2\hat{\rho}_R}{N_0}\exp\left(-\frac{\hat{\rho}_R^2+\rho_X^2}{N_0}\right)I_0\left(\frac{2\rho_X\hat{\rho}_R}{N_0}\right) \tag{6-20}$$

其中，$I_0(\cdot)$ 为第一类零阶修正贝塞尔函数。

对于 $2^{m_1+m_2}$ 阶 APSK 信号中的 2^{m_2} 阶 PAM，其中的错误区间可以由如下递归的方式获得。

(1) 对于第 0 个比特及 $m_2 \geqslant 1$，没有错误区间。

(2) 对于第 1 个比特和 $m_2 = 2$，错误区间为 $\left((\gamma_1 + \gamma_2)/2,\ (\gamma_0 + \gamma_3)/2\right)$。

(3) 对于第 k 个比特，其中 $1 \leqslant k < m_2$，$m_2 \geqslant 2$，有 $2^k - 1$ 个错误区间，设第 i 个错误区间为 $\left(d_{i,1}^{m_2,k},\ d_{i,2}^{m_2,k}\right)$，则有

$$d_{i,1}^{m_2,k} = \min\left\{\left(\gamma_{\mathrm{e}_{i,1}^{m_2,k}} + \gamma_{\mathrm{e}_{i,2}^{m_2,k}}\right)/2, \left(\gamma_{\mathrm{e}_{i,3}^{m_2,k}} + \gamma_{\mathrm{e}_{i,4}^{m_2,k}}\right)/2\right\} \tag{6-21}$$

$$d_{i,2}^{m_2,k} = \max\left\{\left(\gamma_{\mathrm{e}_{i,1}^{m_2,k}} + \gamma_{\mathrm{e}_{i,2}^{m_2,k}}\right)/2, \left(\gamma_{\mathrm{e}_{i,3}^{m_2,k}} + \gamma_{\mathrm{e}_{i,4}^{m_2,k}}\right)/2\right\} \tag{6-22}$$

其中，$\mathrm{e}_{i,j}^{m_2,k}$ 表示根据式 (6-1) 计算的半径的下标。例如，对于方式 (2) 有 $\mathrm{e}_{1,1}^{2,1} = 1$，$\mathrm{e}_{1,2}^{2,1} = 2$，$\mathrm{e}_{1,3}^{2,1} = 0$ 和 $\mathrm{e}_{1,4}^{2,1} = 3$。总的来说，下标 $\mathrm{e}_{i,j}^{m_2,k}$ 可以利用 $\mathrm{e}_{i,j}^{m_2-1,k-1}$ 递归得到：

$$\mathrm{e}_{i,j}^{m_2,k} = \begin{cases} \mathrm{e}_{i,j}^{m_2-1,k-1}, & 1 \leqslant i \leqslant 2^{k-1} - 1, 1 \leqslant j \leqslant 4 \\ 2^{m_2} - 1 - \mathrm{e}_{i,j}^{m_2-1,k-1}, & 2^{k-1} \leqslant i < 2^k - 1, 1 \leqslant j \leqslant 4 \\ 2^{m_2-1} - 1, & i = 2^k - 1, j = 1 \\ 2^{m_2-1}, & i = 2^k - 1, j = 2 \\ 2^{m_2-1} - 2^{m_2-k-1} - 1, & i = 2^k - 1, j = 3 \\ 2^{m_2-1} + 2^{m_2-k-1}, & i = 2^k - 1, j = 4 \end{cases} \tag{6-23}$$

对于 APSK 星座集合 $\mathcal{S}$，每个环上具有相同数目的星座点，且集合 $\mathcal{A}$ 中的半径 γ 是非均匀分布的，因此 $\hat{\rho}_R$ 落入错误区间 $\left(d_{i,1}^{m_2,k},\ d_{i,2}^{m_2,k}\right)$ 的概率为

$$\begin{aligned} P\left(d_{i,1}^{m_2,k} < \hat{\rho}_R < d_{i,2}^{m_2,k}\right) &= \sum_{s=0}^{2^{m_2}-1} P(\gamma_s) P\left(d_{i,1}^{m_2,k} < \hat{\rho}_R < d_{i,2}^{m_2,k} \middle| \gamma_s\right) \\ &= \frac{1}{2^{m_2}} \sum_{s=0}^{2^{m_2}-1} \int_{d_{i,1}^{m_2,k}}^{d_{i,2}^{m_2,k}} p\left(\hat{\rho}_R \middle| \gamma_s\right) \mathrm{d}\hat{\rho}_R \end{aligned} \tag{6-24}$$

式 (6-24) 没有一个闭式的表达式，因此在高信噪比时可以将莱斯分布用高斯分布来近似，得到

$$P\left(d_{i,1}^{m_2,k} < \hat{\rho}_R < d_{i,2}^{m_2,k}\right) \approx \frac{1}{2^{m_2}} \sum_{s=0}^{2^{m_2}-1} \left[Q\left(\frac{d_{i,1}^{m_2,k} - \gamma_s}{\sqrt{N_0/2}}\right) - Q\left(\frac{d_{i,2}^{m_2,k} - \gamma_s}{\sqrt{N_0/2}}\right)\right] \tag{6-25}$$

则 $\hat{\rho}_R$ 落入错误区间的概率为

$$P_{\mathrm{e}} \approx \frac{1}{2^{m_2}} \sum_{s=0}^{2^{m_2}-1} \sum_{k=1}^{m_2-1} \sum_{i=1}^{2^k-1} \left[Q\left(\frac{d_{i,1}^{m_2,k} - \gamma_s}{\sqrt{N_0/2}} \right) - Q\left(\frac{d_{i,2}^{m_2,k} - \gamma_s}{\sqrt{N_0/2}} \right) \right] \tag{6-26}$$

其中，$Q(x) = \frac{1}{\sqrt{2\pi}} \int_x^{\infty} \exp\left(-\frac{u^2}{2} \right) \mathrm{d}u$。

对于 $(64 = 16 \times 4)$-APSK，$\hat{\rho}_R$ 落入错误区间的概率与信噪比的关系如图 6.8 所示。图中分别给出了莱斯近似和高斯近似，以及仿真得到的概率曲线。可以看出即使在低信噪比下，错误的概率也非常小，而在高信噪比时，高斯近似的结果与仿真结果基本重合，而且随着信噪比的增加，错误概率趋近 0，这是由于此时噪声功率很小，接收符号 R 靠近于发送符号 X 的可能性更大。

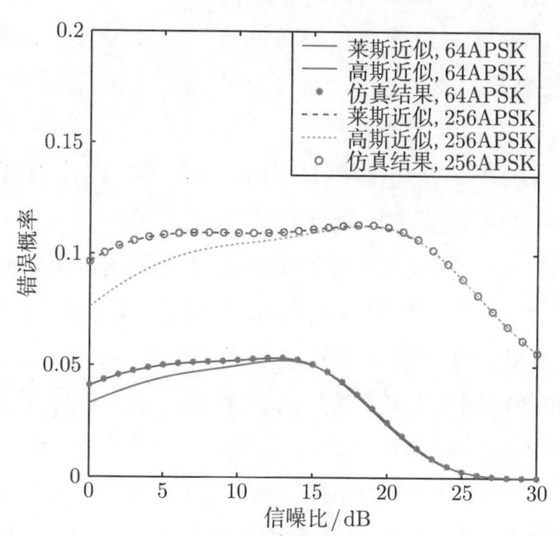

图 6.8　(64=16×4)-APSK 和 (256=32×8)-APSK 解映射时 $\hat{\rho}_R$ 落入错误区间的概率

图 6.8 也给出了 $(256 = 32 \times 8)$-APSK 中本节算法落入错误区间的概率曲线。由于 256APSK 具有更多的错误区间，因此错误的概率相比于 64APSK 更大，但是它在低信噪比时也不超过 12%。而随着信噪比的增加，高斯近似也与仿真的结果重合，且错误概率逐渐降低。

通过对 $(64 = 16 \times 4)$-APSK 和 $(256 = 32 \times 8)$-APSK 的理论分析可以看出，由本节提出的算法导致的误差非常小，$\hat{\rho}_R$ 落入错误区间的概率也很小（64APSK 时小于 6%，256APSK 时小于 12%）。而且随着信噪比的增加，错误的概率趋近 0。因此，采用本节提出的低复杂度解映射算法的性能损失非常小，这也会在 6.3 节的误比特率仿真中得到验证。

另外，引理 6.2 和引理 6.3 可以利用查找表实现，通过定义一系列的门限，可以得到 R 对应的 l_i^* 值。对于 APSK 中的非均匀 PAM，可以使用一个更大的查找表，利用更多的门限来消除错误区间，从而获得与 Max-Log-MAP 相同的性能，但是这会增加接收端的复杂度和存储空间。

6.3 仿真结果

本节仿真验证了采用光 OFDM 的可见光通信编码调制系统的性能。在仿真中采用了 IEEE 802.11 标准中码长 648，码率 2/3 的 LDPC 码 [128]，LDPC 译码算法为置信传播算法 [129]，最大迭代次数为 10 次。OFDM 的子载波数为 512，分别考虑了采用格雷 QAM 和格雷 APSK 星座映射的系统。解映射分别采用了 Max-Log-MAP 算法和本章提出的低复杂度算法。光 OFDM 分别采用 DCO-OFDM 和 ACO-OFDM，其中在 DCO-OFDM 中，直流偏置设为 13 dB，以保证信号的非负性 [89]。

采用 DCO-OFDM 的可见光通信编码调制系统的仿真结果如图 6.9 所示，其中解映射采用未简化的 Max-Log-MAP 算法。可以看出在无编码的情况下，采用 QAM 星座映射的系统性能要优于采用 APSK 的系统性能，这是由于 APSK 的星座图是非均匀的，在硬判决时会出现更多的错误。当结合 LDPC 码和软判决译码器时，误比特率有了明显改善。而且采用 APSK 的系统性能也优于采用 QAM 的系统性能。对于采用 64 阶和 256 阶星座映射的系统，在误比特率为 10^{-6} 时性能增益分别为 0.22 dB 和 0.36 dB。采用 ACO-OFDM 的可见光通信编码调制系统的仿真结果如图 6.10 所示。可以看出当结合 LDPC 码和软判决译码器时，采用 APSK 的系统性能也优于采用 QAM 的系统性能。对于采用 64 阶和 256 阶星座映射的系统，在误比特率为 10^{-6} 时性能增益分别为 0.16 dB 和 0.42 dB。在相同调制阶数下，ACO-OFDM 的性能要优于 DCO-OFDM 的性能，这是由于 DCO-OFDM 中需要直流偏置以保证信号的非负性，但是 ACO-OFDM 的频谱效率较低。

图 6.11 和图 6.12 给出了在 DCO-OFDM 和 ACO-OFDM 的可见光通

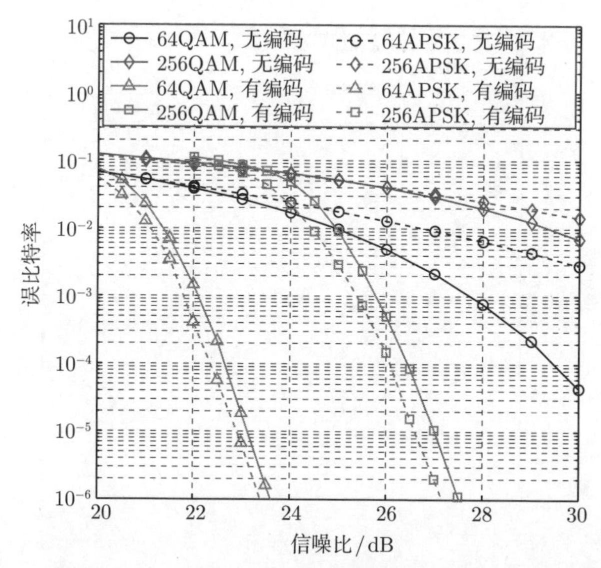

图 6.9　采用 DCO-OFDM 的可见光通信编码调制系统的仿真结果

星座映射为格雷 QAM 和格雷 APSK，解映射采用 Max-Log-MAP 算法，
直流偏置为13 dB

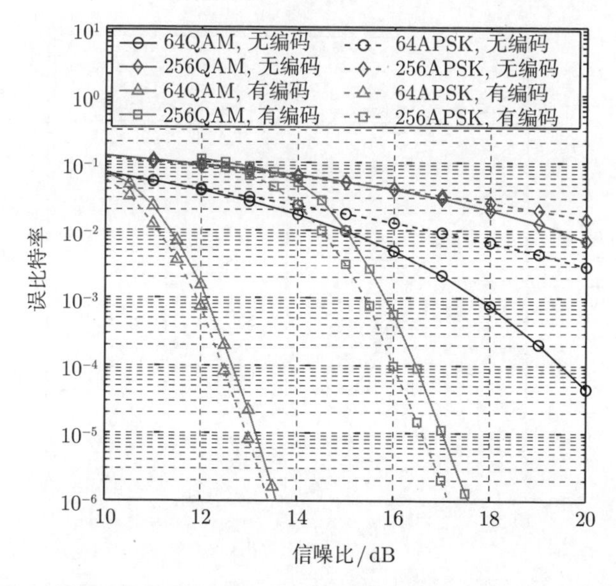

图 6.10　采用 ACO-OFDM 的可见光通信编码调制系统的仿真结果

星座映射为格雷 QAM 和格雷 APSK，解映射采用 Max-Log-MAP 算法

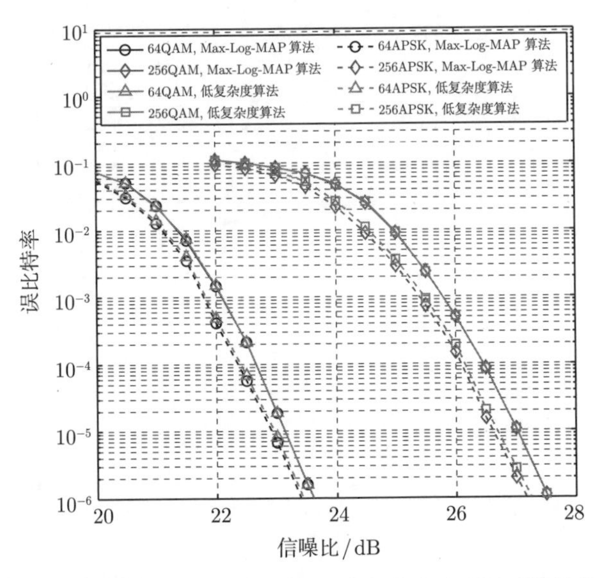

图 6.11 采用 DCO-OFDM 的可见光通信编码调制系统的仿真结果

星座映射为格雷 QAM 和格雷 APSK，解映射分别采用 Max-Log-MAP 算法和本章提出的低复杂度算法，直流偏置为 13 dB

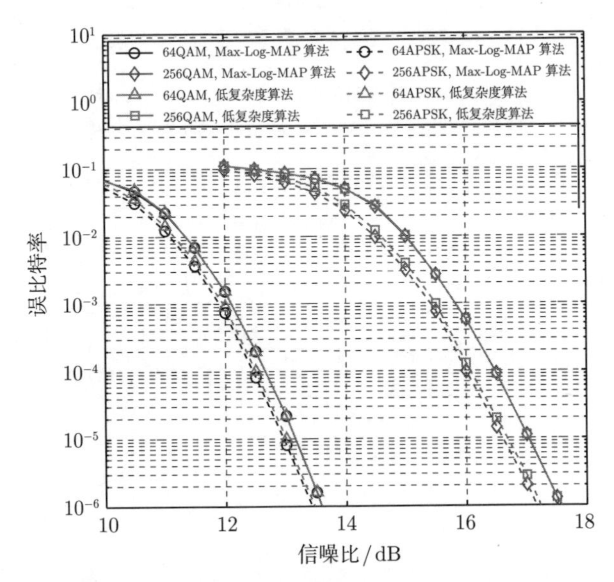

图 6.12 采用 ACO-OFDM 的可见光通信编码调制系统的仿真结果

星座映射为格雷 QAM 和格雷 APSK，解映射分别采用 Max-Log-MAP 算法和本章提出的低复杂度算法

信编码调制系统中采用 Max-Log-MAP 算法和本章提出的低复杂度算法进行解映射时的仿真结果。可以看出，对于采用 QAM 星座映射的系统，本章提出的低复杂度解映射算法与 Max-Log-MAP 算法的结果完全一致。而对于采用 APSK 星座映射的系统，本章提出的算法相比于 Max-Log-MAP 算法对于 64APSK 几乎没有性能损失，而对于 256APSK 会有一定的性能损失，但在误比特率为 10^{-6} 时性能损失小于 0.05 dB。同时，采用 APSK 星座映射的系统性能仍然优于采用 QAM 星座映射的系统性能。

6.4 本章小结

本章研究了基于光 OFDM 的可见光通信编码调制系统，并提出在 OFDM 的子载波上使用 APSK 星座映射。由于 APSK 星座图更加接近高斯分布，可以提供成形增益。当结合软判决译码时，采用 APSK 的系统相比 QAM 调制的系统具有更好的性能。然而，软判决译码需要计算每个比特的对数似然比，传统的解映射算法具有很高的实现复杂度，限制了高阶调制的使用。因此本章针对格雷映射星座图提出了一种通用的低复杂度解映射算法，利用格雷星座映射的对称和可分解结构，通过快速搜索解调所需星座点，避免了计算所有星座符号对应的欧氏距离平方，从而在保证接收性能的前提下，有效降低了可见光通信系统接收机的实现复杂度。相比传统 Max-Log-MAP 解映射算法，对于 2^m 阶星座映射的复杂度可以从 $O(2^m)$ 降到 $O(m)$。仿真结果表明，采用 APSK 星座映射的系统相比 QAM 星座映射的系统具有更好的性能。低复杂度解映射算法对于 QAM 解映射没有性能损失，对于 APSK 的解映射虽然会造成一定的性能损失，但是仍好于采用 QAM 的系统。

第7章　总结与展望

7.1　总结

本书以可见光通信系统中的调制技术为中心，结合可见光通信中存在的问题和应用需求，展开了相应的研究工作。针对可见光通信低接收门限的需求，研究了可见光通信中传统光 OFDM 的性能优化方案；针对可见光通信高频谱效率的要求，提出了一种高频谱效率的分层 ACO-OFDM 调制方案；针对可见光通信需要与照明兼容的问题，提出了亮度可调的可见光通信调制技术，并研究了多光源可见光通信系统中的调制技术；针对可见光通信高复杂度的问题，提出了接收机低复杂度的解映射算法。

具体来说，本书的主要贡献有以下几个方面：

(1) 针对可见光通信低接收门限的需求，研究了可见光通信中传统光 OFDM 的性能优化方案。考虑到不同的 DCO-OFDM 符号具有不同的信号分布，采用固定的缩放和偏置系数并不能充分利用 LED 的线性范围。因此，本书提出一种自适应光 OFDM，对不同 DCO-OFDM 符号根据其信号的分布特征，采用不同的缩放和偏置系数，更加充分地利用 LED 的线性范围。利用光功率与幅度的平均值成正比的特性，在不改变照明亮度和接收机结构的前提下，提高系统的接收性能。针对 HACO-OFDM，提出一种迭代接收机结构，通过在时域对 ACO-OFDM 和 PAM-DMT 信号进行分离，再利用这两路信号的时域对称性，进一步消除噪声和信号间的干扰，提高了接收的性能。

(2) 针对可见光通信高频谱效率的要求，提出了一种高频谱效率的分层 ACO-OFDM 调制方案。分层 ACO-OFDM 将子载波分成若干层，分别采用非负的 ACO-OFDM 调制后同时发送。相比传统 ACO-OFDM，分层

ACO-OFDM 可以使用更多的子载波，提高了系统的频谱效率。同时，由于每层均为非负的 ACO-OFDM 信号，不需要使用直流偏置来保证信号的非负性，具有较高的功率效率。另外，提出一种改进的接收机，利用每层 ACO-OFDM 信号时域的对称性降低噪声，提高了分层 ACO-OFDM 的接收性能。仿真结果表明，分层 ACO-OFDM 可以显著提高系统的频谱效率，当采用相同调制阶数时，分层 ACO-OFDM 可以获得接近 ACO-OFDM 两倍的频谱效率。而在相同频谱效率时，分层 ACO-OFDM 具有更低的接收门限。

(3) 针对照明亮度可调的需求，提出了非对称混合光 OFDM 调制方案。将 ACO-OFDM 和 PAM-DMT 信号以不同的极性和功率进行叠加，以获得非对称的 OFDM 信号。另外采用多层 ACO-OFDM 信号的叠加来利用更多的频谱资源。在不同直流偏置下通过改变 OFDM 时域信号的非对称性，以支持不同亮度条件下的可见光通信传输。它能够在不同亮度需求下充分利用 LED 的动态范围，在很宽的亮度范围下实现可靠通信。仿真结果表明，相比现有方法，本书提出的非对称混合光 OFDM 调制能够支持更大的亮度范围，而且在低照明亮度下具有更高的频谱效率。

(4) 针对室内照明通常采用多个光源的现状，研究了多光源可见光通信系统中的调制技术。在 RGB 型白光 LED 通信系统中，为了得到白光，三种颜色的光强度不同，同时不同颜色的光电转换器效率也可能不同，这导致来自不同支路的信号可信度不同，在接收端采用软判决译码时会造成性能的损失。因此本书提出了一种应用于 RGB 型白光 LED 通信系统的接收端预失真算法，在软判决译码器前添加一个预失真模块，对不同可信度的信号给予不同的权重，通过最优化预失真系数降低误码率。仿真结果表明，采用接收端预失真算法的系统性能有明显的改善。针对多灯多用户 MIMO 可见光通信系统，考虑不同链路长度会造成不同的传输延时，信道增益在频域对应不同的相位。当采用高传输带宽时，这种相位的差异不能被忽略。本书提出基于 MIMO-OFDM 的多用户可见光通信预编码方案，在每个 LED 单元采用 DCO-OFDM 和 ACO-OFDM 进行调制，对于 OFDM 的每个子载波，分别计算对应的复数预编码矩阵，以消除多用户间干扰。在发送信号为非负实数的约束下，比较了采用不同调制方式、预编码算法以及直流偏置时的系统性能。

(5) 针对可见光通信低复杂度实现的需求，提出基于 APSK 的可见光通信编码调制系统和接收端低复杂度解映射算法。在实际的可见光通信系统中，为了保证信息的可靠传输，需要结合信道编码进一步降低系统的误码率。由于 APSK 星座图更加接近高斯分布，可以提供成形增益。当结合软判决译码时，采用 APSK 的系统相比采用 QAM 星座映射的系统具有更好的性能。然而，软判决译码需要计算每个比特的对数似然比，传统的解映射算法具有很高的实现复杂度，限制了高阶调制的使用。本书针对格雷映射星座图提出一种通用的低复杂度解映射算法，利用格雷星座映射的对称和可分解结构，通过快速搜索解调所需星座点，避免了计算所有星座符号对应的欧氏距离平方，从而在保证系统接收性能的前提下，有效降低了可见光通信系统接收机的实现复杂度。相比传统 Max-Log-MAP 解映射算法，对于 2^m 阶星座映射的复杂度可以从 $O(2^m)$ 降到 $O(m)$。仿真结果表明，低复杂度算法在采用 QAM 星座映射的系统中具有与传统 Max-Log-MAP 算法相同的性能，在采用 APSK 星座映射的系统中相比 Max-Log-MAP 算法具有很小的性能损失，但是仍好于采用 QAM 星座映射的系统。

7.2 展望

本书的研究工作已经解决了可见光通信调制技术中的一些问题，但是受限于笔者的经验和研究时间，仍有很多方面的工作需要进一步探究。在此将下一步研究方向列举如下：

(1) 本书提出分层 ACO-OFDM 调制，可以有效提高系统的频谱效率。但是，分层 ACO-OFDM 由于需要同时计算每层 ACO-OFDM 的信号，因此需要多个 FFT/IFFT 模块，提高了系统的实现复杂度。因此需要研究分层 ACO-OFDM 的低复杂度实现问题。

(2) 对于照明亮度变化时的可见光通信，本书提出了非对称光 OFDM 调制以充分利用 LED 的动态范围。但是，在实际的系统实现时，需要结合自适应编码调制技术，针对不同的信噪比采用不同的调制阶数和编码码率，以保证通信的可靠性。

(3) 在可见光通信中，由于目前主要利用直射径进行通信，当利用多光源进行通信时，信道具有很强的相关性。因此需要在调制和信号处理方面研究如何降低信道的相关性，以及针对多光源可见光通信的特殊调制方案。

(4) 本书以理论分析和仿真为主，在下一步工作中需要开展可见光通信的实验，以验证理论的正确性和实用性。另外，也需要考虑可见光通信与下一代无线通信调制方案相结合的问题。

参考文献

[1] Cisco. Cisco Visual Networking Index: Global Mobile Data Traffic Forecast Update, 2015-2020[R]. San Jose, California, 2016.

[2] Jovicic A, Li J, Richardson T. Visible light communication: opportunities, challenges and the path to market[J]. IEEE Communications Magazine, 2013, 51(12): 26–32.

[3] Arnon S. Visible Light Communication[M]. Cambridge: Cambridge University Press, 2015.

[4] Dimitrov S, Haas H. Principles of LED Light Communications: Towards Networked Li-Fi[M]. Cambridge: Cambridge University Press, 2015.

[5] Chi N, Haas H, Kavehrad M, et al. Visible light communications: demand factors, benefits and opportunities[J]. IEEE Wireless Communications, 2015, 22(2): 5–7.

[6] Bell A G, Adams W, Preece W, et al. Discussion on the photophone and the conversion of radiant energy into sound[J]. Journal of the Society of Telegraph Engineers, 1880, 9(34): 375–383.

[7] Buffaloe T K, Jackson D K, Leeb S B, et al. Fiat lux: A fluorescent lamp transceiver[C]. Applied Power Electronics Conference and Exposition, 1997. APEC' 97 Conference Proceedings 1997., Twelfth Annual, Atlanta, 1997, 2: 1037–1041.

[8] Jackson D K, Buffaloe T K, Leeb S B. Fiat lux: A fluorescent lamp digital transceiver[J]. IEEE Transactions on Industry Applications, 1998, 34(3): 625–630.

[9] Schubert E F, Gessmann T, Kim J K. Light Emitting Diodes[M]. New Jersey: John Wiley & Sons, 2005.

[10] Pang G, Chan C, Liu H, et al. Dual use of LEDs: Signaling and communications in ITS[C]. Proceedings of Fifth World Congress on Intelligent Transport Systems, Seoul, 1998.

[11] Pang G, Ho K L, Kwan T, et al. Visible light communication for audio systems[J]. IEEE Transactions on Consumer Electronics, 1999, 45(4): 1112–1118.

[12] Pang G, Kwan T, Liu H, et al. LED wireless[J]. IEEE Industry Applications Magazine, 2002, 8(1): 21–28 .

[13] Tanaka Y, Haruyama S, Nakagawa M. Wireless optical transmissions with white colored LED for wireless home links[C]. Proceedings of IEEE International Symposium on Personal, Indoor and Mobile Radio Communications (PIMRC), London, 2000, 2: 1325–1329.

[14] Akanegawa M, Tanaka Y, Nakagawa M. Basic study on traffic information system using LED traffic lights[J]. IEEE Transactions on Intelligent Transportation Systems, 2001, 2(4): 197–203.

[15] Tanaka Y, Komine T, Haruyama S, et al. Indoor visible light data transmission system utilizing white LED lights[J]. IEICE Transactions on Communications, 2003, 86(8): 2440–2454.

[16] Komine T, Nakagawa M. Integrated system of white LED visible-light communication and power-line communication[J]. IEEE Transactions on Consumer Electronics, 2003, 49(1): 71–79.

[17] Komine T, Nakagawa M. Fundamental analysis for visible-light communication system using LED lights[J]. IEEE Transactions on Consumer Electronics, 2004, 50(1): 100–107.

[18] Komine T, Haruyama S, Nakagawa M. A study of shadowing on indoor visible-light wireless communication utilizing plural white LED lightings[J]. Wireless Personal Communications, 2005, 34(1-2): 211–225.

[19] Sugiyama H, Haruyama S, Nakagawa M. Experimental investigation of modulation method for visible-light communications[J]. IEICE Transactions on Communications, 2006, 89(12): 3393–3400.

[20] Komine T, Lee J H, Haruyama S, et al. Adaptive equalization system for visible light wireless communication utilizing multiple white LED lighting equipment[J]. IEEE Transactions on Wireless Communications, 2009, 8(6): 2892–2900 .

[21] Visible Light Communications Consortium (VLCC) [EB/OL]. Japan, 2003. http://www.vlcc.net/.

[22] Javaudin J P, Bellec M, Varoutas D, et al. OMEGA ICT project: Towards convergent gigabit home networks[C]. Proceedings of IEEE International Symposium on Personal, Indoor and Mobile Radio Communications (PIMRC), 2008.

[23] Langer K D, Grubor J, Bouchet O, et al. Optical wireless communications for broadband access in home area networks[C]. Proceedings of International Conference on Transparent Optical Networks (ICTON), volume 4, Athens, 2008: 149–154.

[24] Grubor J, Randel S, Langer K D, et al. Broadband information broadcasting using LED-based interior lighting[J]. Journal of Lightwave Technology, 2008, 26(24): 3883–3892.

[25] O'Brien D, Parry G, Stavrinou P. Optical hotspots speed up wireless communication[J]. Nature Photonics, 2007, 1(5): 245–247.

[26] Le Minh H, O'Brien D, Faulkner G, et al. 100-Mb/s NRZ visible light communications using a postequalized white LED[J]. IEEE Photonics Technology Letters, 2009, 21(15): 1063–1065.

[27] Vučić J, Kottke C, Nerreter S, et al. 125 Mbit/s over 5 m wireless distance by use of OOK-modulated phosphorescent white LEDs[C]. Proceedings of European Conference on Optical Communication (ECOC), Vienna, 2009.

[28] Vučić J, Kottke C, Nerreter S, et al. 230 Mbit/s via a wireless visible-light link based on OOK modulation of phosphorescent white LEDs[C]. Proceedings of Optical Fiber Communication Conference (OFC), San Diego, 2010.

[29] Vučić J, Kottke C, Nerreter S, et al. 513 Mbit/s visible light communications link based on DMT-modulation of a white LED[J]. Journal of Lightwave Technology, 2010, 28(24): 3512–3518.

[30] Khalid A, Cossu G, Corsini R, et al. 1-Gb/s transmission over a phosphorescent white LED by using rate-adaptive discrete multitone modulation[J]. IEEE Photonics Journal, 2012, 4(5): 1465–1473.

[31] Cossu G, Khalid A, Choudhury P, et al. 3.4 Gbit/s visible optical wireless transmission based on RGB LED[J]. Optics Express, 2012, 20(26): B501–B506.

[32] Tsonev D, Videv S, Haas H. Light fidelity (Li-Fi): towards all-optical networking[C]. Proceedings of SPIE OPTO, San Francisco, 2013: 900702.

[33] Grossman L, Brock-Abraham C, Carbone N, et al. The 50 best inventions[J]. Time Magazine, 2011, 182(28): 1–17.

[34] Tsonev D, Chun H, Rajbhandari S, et al. A 3-Gb/s single-LED OFDM-based wireless VLC link using a gallium nitride[J]. IEEE Photonics Technology Letters, 2014, 26(7): 637–640.

[35] Azhar A H, Tran T, O'Brien D. A Gigabit/s indoor wireless transmission using MIMO-OFDM visible-light communications[J]. IEEE Photonics Technology Letters, 2013, 25(2): 171–174.

[36] Boucouvalas A, Yiannopoulos K, Ghassemlooy Z. 100 Gbit/s optical wireless communication system link throughput[J]. Electronics Letters, 2014, 50(17): 1220–1222.

[37] Tsonev D, Videv S, Haas H. Towards a 100 Gb/s visible light wireless access network[J]. Optics Express, 2015, 23(2): 1627–1637.

[38] Gomez A, Shi K, Quintana C, et al. Beyond 100-Gb/s indoor wide field-of-view optical wireless communications[J]. IEEE Photonics Technology Letters, 2015, 27(4): 367–370.

[39] Transparency Market Research. Global Industry Analysis, Size, Share, Growth, Trends and Forecast, 2015–2022[R]. New York, 2015.

[40] IEEE. IEEE Standard for Local and Metropolitan Area Networks–Part 15.7: Short-Range Wireless Optical Communication Using Visible Light[S]. IEEE Std 802.15.7-2011, New York, 2011: 1–309.

[41] Rajagopal S, Roberts R D, Lim S K. IEEE 802.15.7 visible light communication: modulation schemes and dimming support[J]. IEEE Communications Magazine, 2012, 50(3): 72–82.

[42] Schmid S, Gorlatova M, Giustiniano D, et al. Networking smart toys with wireless toybridge and toytalk[A]. Disney Research, Zurich, Switzerland, 2011.

[43] Schmid S, Corbellini G, Mangold S, et al. LED-to-LED visible light communication networks[C]. Proceedings of ACM International Symposium on Mobile Ad Hoc Networking and Computing (ACM MobiHoc), Bangalore: 2013: 1–10.

[44] Corbellini G, Aksit K, Schmid S, et al. Connecting networks of toys and smartphones with visible light communication[J]. IEEE Communications Magazine, 2014, 52(7): 72–78.

[45] Schmid S, Bourchas T, Mangold S, et al. Linux light bulbs: Enabling Internet protocol connectivity for light bulb networks[C]. Proceedings of ACM International Workshop on Visible Light Communications Systems, Paris, 2015: 3–8.

[46] Axrtek. MOMO by Axrtek [EB/OL]. California, 2014. http://axrtek.com/momo/.

[47] Pathak P H, Feng X, Hu P, et al. Visible light communication, networking, and sensing: A survey, potential and challenges[J]. IEEE Communications Surveys & Tutorials, 2015, 17(4): 2047–2077.

[48] Kahn J M, Barry J R. Wireless infrared communications[J]. Proceedings of the IEEE, 1997, 85(2): 265–298.

[49] Minh H L, O'Brien D, Faulkner G, et al. 80 Mbit/s visible light communications using pre-equalized white LED[C]. Proceedings of European Conference on Optical Communication (ECOC), Brussels, Belgium, 2008: 1–2.

[50] Minh H L, O'Brien D, Faulkner G, et al. High-speed visible light communications using multiple-resonant equalization[J]. IEEE Photonics Technology Letters, 2008, 20(14): 1243–1245.

[51] Fujimoto N, Mochizuki H. 614 Mbit/s OOK-based transmission by the duobinary technique using a single commercially available visible LED for high-speed visible light communications[C]. Proceedings of European Conference and Exhibition on Optical Communication, Amsterdam, Netherlands, 2012: 1–2.

[52] Zhang S, Watson S, McKendry J J, et al. 1.5 Gbit/s multi-channel visible light communications using CMOS-controlled GaN-based LEDs[J]. Journal of Lightwave Technology, 2013, 31(8): 1211–1216.

[53] Li H, Chen X, Huang B, et al. High bandwidth visible light communications based on a post-equalization circuit[J]. IEEE Photonics Technology Letters, 2014, 26(2): 119–122.

[54] Haigh P A, Ghassemlooy Z, Rajbhandari S, et al. Visible light communications using organic light emitting diodes[J]. IEEE Communications Magazine, 2013, 51(8): 148–154.

[55] Lee S H, Ahn K I, Kwon J K. Multilevel transmission in dimmable visible light communication systems[J]. Journal of Lightwave Technology, 2013, 31(20): 3267–3276.

[56] Barros D J, Wilson S K, Kahn J M. Comparison of orthogonal frequency-division multiplexing and pulse-amplitude modulation in indoor optical wireless links[J]. IEEE Transactions on Communications, 2012, 60(1): 153–163.

[57] Li J, Huang Z, Zhang R, et al. Superposed pulse amplitude modulation for visible light communication[J]. Optics Express, 2013, 21(25): 31006–31011.

[58] Fath T, Heller C, Haas H. Optical wireless transmitter employing discrete power level stepping[J]. Journal of Lightwave Technology, 2013, 31(11): 1734–1743.

[59] Georghiades C N. Modulation and coding for throughput-efficient optical systems[J]. IEEE Transactions on Information Theory, 1994, 40(5): 1313–1326.

[60] Lee G M, Schroeder G W. Optical pulse position modulation with multiple positions per pulsewidth[J]. IEEE Transactions on Communications, 1977, 25(3): 360–364.

[61] Patarasen S, Georghiades C N. Frame synchronization for optical overlapping pulse-position modulation systems[J]. IEEE Transactions on Communications, 1992, 40(4): 783–794.

[62] Bai B, Xu Z, Fan Y. Joint LED dimming and high capacity visible light communication by overlapping PPM[C]. Proceedings of Wireless and Optical Communications Conference (WOCC), Shanghai, 2010: 1–5.

[63] Sugiyama H, Nosu K. MPPM: A method for improving the band-utilization efficiency in optical PPM[J]. Journal of Lightwave Technology, 1989, 7(3): 465–472.

[64] Shiu D s, Kahn J M. Differential pulse-position modulation for power-efficient optical communication[J]. IEEE Transactions on Communications, 1999, 47(8): 1201–1210.

[65] Zwillinger D. Differential PPM has a higher throughput than PPM for the band-limited and average-power-limited optical channel[J]. IEEE Transactions on Information Theory, 1988, 34(5): 1269–1273.

[66] Ohtsuki T, Sasase I, Mori S. Overlapping multi-pulse pulse position modulation in optical direct detection channel[C]. Proceedings of IEEE International Conference on Communications (ICC), volume 2, Geneva, 1993: 1123–1127.

[67] Ohtsuki T, Sasase I, Mori S. Performance analysis of overlapping multi-pulse pulse position modulation (OMPPM) in noisy photon counting channel[C]. Proceedings of IEEE International Symposium on Information Theory (ISIT), Trondheim, 1994: 80.

[68] Ohtsuki T, Sasase I. Capacity and cutoff rate of overlapping multi-pulse pulse position modulation (OMPPM) in optical direct-detection channel: Quantum-limited case[J]. IEICE Transactions on Fundamentals of Electronics, Communications and Computer Sciences, 1994, 77(8): 1298–1308.

[69] Ohtsuki T, Sasase I, Mori S. Trellis coded overlapping multi-pulse pulse position modulation in optical direct detection channel[C]. Proceedings of IEEE International Conference on Communications (ICC), New Orleans, LA, USA, 1994: 675–679.

[70] Ohtsuki T, Sasase I, Mori S. Differential overlapping pulse position modulation in optical direct-detection channel[C]. Proceedings of IEEE International Conference on Communications (ICC), New Orleans, LA, USA, 1994: 680–684.

[71] Noshad M, Brandt-Pearce M. Expurgated PPM using symmetric balanced incomplete block designs[J]. IEEE Communications Letters, 2012, 16(7): 968–971.

[72] Noshad M, Brandt-Pearce M. Application of expurgated PPM to indoor visible light communications-part I: Single-user systems[J]. Journal of Lightwave Technology, 2014, 32(5): 875–882.

[73] Noshad M, Brandt-Pearce M. Application of expurgated PPM to indoor visible light communications-part II: Access networks[J]. Journal of Lightwave Technology, 2014, 32(5): 883–890.

[74] Noshad M, Brandt-Pearce M. Multilevel pulse-position modulation based on balanced incomplete block designs[C]. Proceedings of IEEE Global Communications Conference (GLOBECOM), Anaheim, CA, USA, 2012: 2930–2935.

[75] Mesleh R Y, Haas H, Sinanović S, et al. Spatial modulation[J]. IEEE Transactions on Vehicular Technology, 2008, 57(4): 2228–2241.

[76] Mesleh R, Mehmood R, Elgala H, et al. Indoor MIMO optical wireless communication using spatial modulation[C]. Proceedings of IEEE International Conference on Communications (ICC), Cape Town, South Africa, 2010: 23–27.

[77] Mesleh R, Elgala H, Haas H. Optical spatial modulation[J]. Journal of Optical Communications and Networking, 2011, 3(3): 234–244 .

[78] Fath T, Haas H. Performance comparison of MIMO techniques for optical wireless communications in indoor environments[J]. IEEE Transactions on Communications, 2013, 61(2): 733–742.

[79] Videv S, Haas H. Practical space shift keying VLC system[C]. Proceedings of IEEE Wireless Communications and Networking Conference (WCNC), Istanbul, Turkey, 2014: 405–409.

[80] Popoola W, Poves E, Haas H. Generalised space shift keying for visible light communications[C]. Proceedings of IEEE International Symposium on Communication Systems, Networks & Digital Signal Processing (CSNDSP), Poznan, Poland, 2012: 1–4.

[81] Popoola W O, Haas H. Demonstration of the merit and limitation of generalised space shift keying for indoor visible light communications[J]. Journal of Lightwave Technology, 2014, 32(10): 1960–1965.

[82] Hanzo L L, Keller T. OFDM and MC-CDMA: A Primer[M]. New Jersey: John Wiley & Sons, 2007.

[83] Afgani M Z, Haas H, Elgala H, et al. Visible light communication using OFDM[C]. Proceedings of International Conference on Testbeds and Research Infrastructures for the Development of Networks and Communities, Barcelona, Spain, 2006: 129–134.

[84] Elgala H, Mesleh R, Haas H, et al. OFDM visible light wireless communication based on white LEDs[C]. Proceedings of IEEE Vehicular Technology Conference (VTC Spring), Dublin, Ireland, 2007: 2185–2189.

[85] Elgala H, Mesleh R, Haas H. Indoor broadcasting via white LEDs and OFDM[J]. IEEE Transactions on Consumer Electronics, 2009, 55(3): 1127–1134.

[86] Armstrong J. OFDM for optical communications[J]. Journal of Lightwave Technology, 2009, 27(3): 189–204.

[87] Armstrong J, Lowery A. Power efficient optical OFDM[J]. Electronics Letters, 2006, 42(6): 370–372.

[88] Armstrong J, Schmidt B J. Comparison of asymmetrically clipped optical OFDM and DC-biased optical OFDM in AWGN[J]. IEEE Communications Letters, 2008, 12(5): 343–345.

[89] Dissanayake S D, Armstrong J. Comparison of ACO-OFDM, DCO-OFDM and ADO-OFDM in IM/DD systems[J]. Journal of Lightwave Technology, 2013, 31(7): 1063–1072.

[90] Elgala H, Mesleh R, Haas H. A study of LED nonlinearity effects on optical wireless transmission using OFDM[C]. Proceedings of IFIP International Conference on Wireless and Optical Communications Networks (WOCN), Cairo, Egypt, 2009: 1–5.

[91] Dimitrov S, Sinanovic S, Haas H. Clipping noise in OFDM-based optical wireless communication systems[J]. IEEE Transactions on Communications, 2012, 60(4): 1072–1081.

[92] Li X, Vucic J, Jungnickel V, et al. On the capacity of intensity-modulated direct-detection systems and the information rate of ACO-OFDM for indoor optical wireless applications[J]. IEEE Transactions on Communications, 2012, 60(3): 799–809.

[93] Dimitrov S, Haas H. Information rate of OFDM-based optical wireless communication systems with nonlinear distortion[J]. Journal of Lightwave Technology, 2013, 31(6): 918–929.

[94] Yu Z, Baxley R J, Zhou G T. Peak-to-average power ratio and illumination-to-communication efficiency considerations in visible light OFDM systems[C]. Proceedings of IEEE International Conference on Acoustics, Speech and Signal Processing (ICASSP), Vancouver, BC, Canada, 2013: 5397–5401.

[95] Yu Z, Baxley R J, Zhou G T. Iterative clipping for PAPR reduction in visible light OFDM communications[C]. Proceedings of IEEE Military Communications Conference (MILCOM), Baltimore, MD, USA, 2014: 1681–1686.

[96] Yu Z, Baxley R J, Zhou G T. Impulses injection for PAPR reduction in visible light OFDM communications[C]. Proceedings of IEEE Global Conference on Signal and Information Processing (GlobalSIP), Atlanta, GA, USA, 2014: 73–77.

[97] Zhang H, Yuan Y, Xu W. PAPR reduction for DCO-OFDM visible light communications via semidefinite relaxation[J]. IEEE Photonics Technology Letters, 2014, 26(17): 1718–1721.

[98] Popoola W O, Ghassemlooy Z, Stewart B G. Pilot-assisted PAPR reduction technique for optical OFDM communication systems[J]. Journal of Lightwave Technology, 2014, 32(7): 1374–1382.

[99] Doblado J G, Oria A C O, Baena-Lecuyer V, et al. Cubic metric reduction for DCO-OFDM visible light communication systems[J]. Journal of Lightwave Technology, 2015, 33(10): 1971–1978.

[100] Mao T, Wang Z, Wang Q, et al. Ellipse-based DCO-OFDM for visible light communications[J]. Optics Communications, 2016, 360: 1–6.

[101] Mossaad M S, Hranilovic S, Lampe L. Visible light communications using OFDM and multiple LEDs[J]. IEEE Transactions on Communications, 2015, 63(11): 4304–4313.

[102] Yu B, Zhang H, Wei L, et al. Subcarrier grouping OFDM for visible-light communication systems[J]. IEEE Photonics Journal, 2015, 7(5): 1–12.

[103] Jiang M, Zhang J, Liang X, et al. Direct current bias optimization of the LDPC coded DCO-OFDM systems[J]. IEEE Photonics Technology Letters, 2015, 27(19): 2095–2098.

[104] Jiang R, Wang Q, Wang F, et al. An optimal scaling scheme for DCO-OFDM based visible light communications[J]. Optics Communications, 2015, 356: 136–140.

[105] Ling X, Wang J, Liang X, et al. Offset and power optimization for DCO-OFDM in visible light communication systems[J]. IEEE Transactions on Signal Processing, 2016, 64(2): 349–363.

[106] Tan J, Wang Z, Wang Q, et al. Near-optimal low-complexity sequence detection for clipped DCO-OFDM[J]. IEEE Photonics Technology Letters, 2016, 28(3): 233–236.

[107] Tan J, Wang Z, Wang Q, et al. BICM-ID scheme for clipped DCO-OFDM in visible light communications[J]. Optics Express, 2016, 24(5): 4573–4581.

[108] Lee S C J, Randel S, Breyer F, et al. PAM-DMT for intensity-modulated and direct-detection optical communication systems[J]. IEEE Photonics Technology Letters, 2009, 21(23): 1749–1751.

[109] Fernando N, Hong Y, Viterbo E. Flip-OFDM for optical wireless communications[C]. Proceedings of IEEE Information Theory Workshop (ITW), Paraty, Brazil, 2011: 5–9.

[110] Fernando N, Hong Y, Viterbo E. Flip-OFDM for unipolar communication systems[J]. IEEE Transactions on Communications, 2012, 60(12): 3726–3733.

[111] Tsonev D, Sinanovic S, Haas H. Novel unipolar orthogonal frequency division multiplexing (U-OFDM) for optical wireless[C]. Proceedings of IEEE Vehicular Technology Conference (VTC Spring), Yokohama, Japan, 2012: 1–5.

[112] Ranjha B, Kavehrad M. Hybrid asymmetrically clipped OFDM-based IM/DD optical wireless system[J]. Journal of Optical Communications and Networking, 2014, 6(4): 387–396.

[113] Tsonev D, Haas H. Avoiding spectral efficiency loss in unipolar OFDM for optical wireless communication[C]. Proceedings of IEEE International Conference on Communications (ICC), Sydney, NSW, Australia, 2014: 3336–3341.

[114] Tsonev D, Videv S, Haas H. Unlocking spectral efficiency in intensity modulation and direct detection systems[J]. IEEE Journal on Selected Areas in Communications, 2015, 33(9): 1758–1770.

[115] Islim M S, Tsonev D, Haas H. Spectrally enhanced PAM-DMT for IM/DD optical wireless communications[C]. Proceedings of IEEE International Symposium on Personal, Indoor, and Mobile Radio Communications (PIMRC), Hong Kong, China, 2015: 877–882.

[116] Ntogari G, Kamalakis T, Walewski J, et al. Combining illumination dimming based on pulse-width modulation with visible-light communications based on discrete multitone[J]. Journal of Optical Communications and Networking, 2011, 3(1): 56–65.

[117] Wang Z, Zhong W D, Yu C, et al. Performance of dimming control scheme in visible light communication system[J]. Optics Express, 2012, 20(17): 18861–18868.

[118] Elgala H, Little T D. Reverse polarity optical-OFDM (RPO-OFDM): dimming compatible OFDM for gigabit VLC links[J]. Optics Express, 2013, 21(20): 24288–24299.

[119] Ahn K I, Kwon J K. Color intensity modulation for multicolored visible light communications[J]. IEEE Photonics Technology Letters, 2012, 24(24): 2254–2257.

[120] CIE C. Commission Internationale de l'Eclairage Proceedings, 1931[M]. Cambridge: Cambridge University Press, 1932.

[121] Drost R J, Sadler B M. Constellation design for color-shift keying using billiards algorithms[C]. Proceedings of IEEE GLOBECOM Workshops (GC Wkshps), Miami, USA, 2010: 980–984.

[122] Monteiro E, Hranilovic S. Design and implementation of color-shift keying for visible light communications[J]. Journal of Lightwave Technology, 2014, 32(10): 2053–2060.

[123] Singh R, O'Farrell T, David J P. An enhanced color shift keying modulation scheme for high-speed wireless visible light communications[J]. Journal of Lightwave Technology, 2014, 32(14): 2582–2592.

[124] Singh R, O'Farrell T, David J. Higher order colour shift keying modulation formats for visible light communications[C]. Proceedings of IEEE Vehicular Technology Conference (VTC Spring), Glasgow, UK, 2015: 1–5.

[125] Jiang J, Zhang R, Hanzo L. Analysis and design of three-stage concatenated color-shift keying[J]. IEEE Transactions on Vehicular Technology, 2015, 64(11): 5126–5136.

[126] Xu W, Wang J, Shen H, et al. Multi-colour LED specified bipolar colour shift keying scheme for visible light communications[J]. Electronics Letters, 2015, 52(2): 133–135.

[127] Li J, Zhang X D, Gao Q, et al. Exact BEP analysis for coherent M-ary PAM and QAM over AWGN and Rayleigh fading channels[C]. Proceedings of IEEE Vehicular Technology Conference (VTC Spring), Singapore, 2008: 390–394.

[128] IEEE. Wireless LAN Medium Access Control and Physical Layer Specifications[S]. IEEE Standard 802.11-2012, New York, 2012: 1–2695.

[129] MacKay D J. Good error-correcting codes based on very sparse matrices[J]. IEEE Transactions on Information Theory, 1999, 45(2): 399–431.

[130] Wang Q, Xie Q, Wang Z, et al. A universal low-complexity symbol-to-bit soft demapper[J]. IEEE Transactions on Vehicular Technology, 2014, 63(1): 119–130.

[131] Oppenheim A V, Schafer R W, Buck J R, et al. Discrete-time Signal Processing[M]. 2nd ed. Englewood Cliffs, NJ: Prentice Hall, 1999.

[132] Mesleh R, Elgala H, Haas H. LED nonlinearity mitigation techniques in optical wireless OFDM communication systems[J]. Journal of Optical Communications and Networking, 2012, 4(11): 865–875.

[133] Peng L, Haese S, Hélard M. Frequency domain LED compensation for nonlinearity mitigation in DMT systems[J]. IEEE Photonics Technology Letters, 2013, 25(20): 2022–2025.

[134] Lee S H, Jung S Y, Kwon J K. Modulation and coding for dimmable visible light communication[J]. IEEE Communications Magazine, 2015, 53(2): 136–143.

[135] Zafar F, Karunatilaka D, Parthiban R. Dimming schemes for visible light communication: the state of research[J]. IEEE Wireless Communications, 2015, 22(2): 29–35.

[136] Kim S, Jung S Y. Novel FEC coding scheme for dimmable visible light communication based on the modified Reed–Muller codes[J]. IEEE Photonics Technology Letters, 2011, 23(20): 1514–1516.

[137] Lee S H, Kwon J K. Turbo code-based error correction scheme for dimmable visible light communication systems[J]. IEEE Photonics Technology Letters, 2012, 24(17): 1463–1465.

[138] Kwon J K. Inverse source coding for dimming in visible light communications using NRZ-OOK on reliable links[J]. IEEE Photonics Technology Letters, 2010, 22(19): 1455–1457.

[139] Lee K, Park H. Modulations for visible light communications with dimming control[J]. IEEE Photonics Technology Letters, 2011, 23(16): 1136–1138.

[140] Li X, Mardling R, Armstrong J. Channel capacity of IM/DD optical communication systems and of ACO-OFDM[C]. Proceedings of IEEE International Conference on Communications (ICC), Glasgow, UK, 2007: 2128–2133.

[141] Zhu X, Kahn J M. Free-space optical communication through atmospheric turbulence channels[J]. IEEE Transactions on Communications, 2002, 50(8): 1293–1300.

[142] Viterbi A J. Convolutional codes and their performance in communication systems[J]. IEEE Transactions on Communication Technology, 1971, 19(5): 751–772.

[143] Sklar B. Digital Communications[M]. 2nd ed. Upper Saddle River, NJ, USA: Prentice Hall, 2001.

[144] Bahl L, Cocke J, Jelinek F, et al. Optimal decoding of linear codes for minimizing symbol error rate[J]. IEEE Transactions on Information Theory, 1974, 20(2): 284–287.

[145] Grubor J, Lee S C J, Langer K D, et al. Wireless high-speed data transmission with phosphorescent white-light LEDs[C]. Proceedings of European Conference on Optical Communication (ECOC), Berlin, Germany, 2007.

[146] Burchardt H, Serafimovski N, Tsonev D, et al. VLC: Beyond point-to-point communication[J]. IEEE Communications Magazine, 2014, 52(7): 98–105.

[147] Yu Z, Baxley R J, Zhou G T. Multi-user MISO broadcasting for indoor visible light communication[C]. Proceedings of IEEE International Conference on Acoustics, Speech and Signal Processing (ICASSP), Vancouver, BC, Canada, 2013: 4849–4853.

[148] Ma H, Lampe L, Hranilovic S. Robust MMSE linear precoding for visible light communication broadcasting systems[C]. Proceedings of IEEE Globecom Workshops (GC Wkshps), Atlanta, GA, USA, 2013: 1081–1086.

[149] Hong Y, Chen J, Wang Z, et al. Performance of a precoding MIMO system for decentralized multiuser indoor visible light communications[J]. IEEE Photonics Journal, 2013, 5(4): 7800211.

[150] Zeng L, O'Brien D C, Minh H, et al. High data rate multiple input multiple output (MIMO) optical wireless communications using white LED lighting[J]. IEEE Journal on Selected Areas in Communications, 2009, 27(9): 1654–1662.

[151] Stuber G L, Barry J R, Mclaughlin S W, et al. Broadband MIMO-OFDM wireless communications[J]. Proceedings of the IEEE, 2004, 92(2): 271–294.

[152] Jiang M, Hanzo L. Multiuser MIMO-OFDM for next-generation wireless systems[J]. Proceedings of the IEEE, 2007, 95(7): 1430–1469.

[153] Spencer Q H, Swindlehurst A L, Haardt M. Zero-forcing methods for downlink spatial multiplexing in multiuser MIMO channels[J]. IEEE Transactions on Signal Processing, 2004, 52(2): 461–471.

[154] Spencer Q H, Peel C B, Swindlehurst A L, et al. An introduction to the multiuser MIMO downlink[J]. IEEE Communications Magazine, 2004, 42(10): 60–67.

[155] De Gaudenzi R, Fabregas A G I, Martinez A. Performance analysis of turbo-coded APSK modulations over nonlinear satellite channels[J]. IEEE Transactions on Wireless Communications, 2006, 5(9): 2396–2407.

[156] Liu Z, Xie Q, Peng K, et al. APSK constellation with Gray mapping[J]. IEEE Communications Letters, 2011, 15(12): 1271–1273.

[157] Xie Q, Wang Z, Yang Z. Polar decomposition of mutual information over complex-valued channels[J]. IEEE Transactions on Information Theory, 2014, 60(6): 3163–3171.

[158] Xie Q, Wang Z, Yang Z. Simplified soft demapper for APSK with product constellation labeling[J]. IEEE Transactions on Wireless Communications, 2012, 11(7): 2649–2657.

[159] Gray F. Pulse code communication: US, 2632058[P]. 1953-3-17.

[160] Agrell E, Lassing J, Ström E G, et al. On the optimality of the binary reflected Gray code[J]. IEEE Transactions on Information Theory, 2004, 50(12): 3170–3182.

[161] Erfanian J, Pasupathy S, Gulak G. Reduced complexity symbol detectors with parallel structure for ISI channels[J]. IEEE Transactions on Communications, 1994, 42(234): 1661–1671.

[162] Robertson P, Villebrun E, Hoeher P. A comparison of optimal and sub-optimal MAP decoding algorithms operating in the log domain[C]. Proceedings of IEEE International Conference on Communications (ICC), volume 2, Seattle, USA, 1995: 1009–1013.

[163] Wang L, Xu D, Zhang X. Recursive bit metric generation for PSK signals with Gray labeling[J]. IEEE Communications Letters, 2012, 16(2): 180–182.

[164] Akay E, Ayanoglu E. Low complexity decoding of bit-interleaved coded modulation for M-ary QAM[C]. Proceedings of IEEE International Conference on Communications (ICC), volume 2, Paris, France, 2004: 901–905.

[165] Chang C W, Chen P N, Han Y S. A systematic bit-wise decomposition of M-ary symbol metric[J]. IEEE Transactions on Wireless Communications, 2006, 5(10): 2742–2751.

[166] Tosato F, Bisaglia P. Simplified soft-output demapper for binary interleaved COFDM with application to HIPERLAN/2[C]. Proceedings of IEEE International Conference on Communications (ICC), volume 2, New York, 2002: 664–668.

[167] Zhang M, Kim S. Efficient soft demapping for M-ary APSK[C]. Proceedings of IEEE International Conference on ICT Convergence (ICTC), Seoul, South Korea, 2011: 641–644.

[168] Gül G, Vargas A, Gerstacker H G, et al. Low complexity demapping algorithms for multilevel codes[J]. IEEE Transactions on Communications, 2011, 59(4): 998–1008.

[169] Reingold E M, Nievergelt J, Deo N. Combinatorial Algorithms: Theory and Practice[M]. Englewood Cliffs, NJ: Prentice Hall College Div, 1977.

附录A　引理 6.2 的证明

证明　当得到 S^* 和 $\boldsymbol{b}^*$ 后，星座点子集 $\mathcal{S}_i^{(\overline{b_i^*})}$ 可写为

$$\mathcal{S}_i^{(\overline{b_i^*})} = \left\{S_l | S_l \in \mathcal{S}, c_{i-1}^l \oplus c_i^l = \overline{b_i^*}\right\} \tag{A-1}$$

其中，$\boldsymbol{c}_i^l = \left(c_0^l \ c_1^l \cdots c_{m-1}^l\right)$ 为 l 的二进制表示，且设 $c_{-1}^l = 0$。定义子集 $\mathcal{S}_i^{(\overline{b_i^*})}$ 中距离 S^* 最近的星座点为 $S_{l_i^*}$，则有

$$S_{l_i^*} = \arg \min_{S \in \mathcal{S}_i^{(\overline{b_i^*})}} \left|S^* - S\right| \tag{A-2}$$

$$l_i^* = \arg \min_{l \in \mathcal{K}_i^{(\overline{b_i^*})}} \left|l^* - l\right| \tag{A-3}$$

其中，$\mathcal{K}_i^{(\overline{b_i^*})} = \left\{l | 0 \leqslant l < 2^m, c_{i-1}^l \oplus c_i^l = \overline{b_i^*}\right\}$ 表示 $\mathcal{S}_i^{(\overline{b_i^*})}$ 对应的下标集合。

对于 $l \in \mathcal{K}_i^{(\overline{b_i^*})}$，可以将 l 表示为 $l = \sum\limits_{k=0}^{m-1} c_k^l 2^{m-k-1}$，其中 $c_{i-1}^l \oplus c_i^l = \overline{b_i^{l^*}} = \overline{c_{i-1}^{l^*} \oplus c_i^{l^*}}$。因此，有

$$c_{i-1}^l = \overline{c_{i-1}^{l^*}}, \quad c_i^l = c_i^{l^*} \quad \text{或者} \quad c_{i-1}^l = c_{i-1}^{l^*}, \quad c_i^l = \overline{c_i^{l^*}} \tag{A-4}$$

下面分两种情况进行讨论。

(1) 当 $c_{i-1}^l = \overline{c_{i-1}^{l^*}}, c_i^l = c_i^{l^*}$ 时，有 $c_{i-1}^{l^*} - c_{i-1}^l = \pm 1$，而且

$$\begin{aligned} &\left|\sum_{k_1=0}^{i-2} (c_{k_1}^{l^*} - c_{k_1}^l) 2^{m-k_1-1} + (c_{i-1}^{l^*} - c_{i-1}^l) 2^{m-i}\right| \\ &= 2^{m-i} \left|\sum_{k_1=0}^{i-2} (c_{k_1}^{l^*} - c_{k_1}^l) 2^{i-k_1-1} + (c_{i-1}^{l^*} - c_{i-1}^l)\right| \\ &\geqslant 2^{m-i} \end{aligned} \tag{A-5}$$

其中，不等式成立的原因是 $\sum\limits_{k_1=0}^{i-2}(c_{k_1}^{l^*}-c_{k_1}^{l})2^{i-k_1-1}$ 为偶数，而 $c_{i-1}^{l^*}-c_{i-1}^{l}$ 为奇数。另外

$$\left|\sum_{k_2=i+1}^{m-1}(c_{k_2}^{l^*}-c_{k_2}^{l})2^{m-k_2-1}\right| \leqslant \sum_{k_2=i+1}^{m-1}\left|c_{k_2}^{l^*}-c_{k_2}^{l}\right|2^{m-k_2-1}$$

$$\leqslant \sum_{k_2=i+1}^{m-1}2^{m-k_2-1}=2^{m-i-1}-1 \tag{A-6}$$

那么 $|l^*-l|$ 的下界为

$$\begin{aligned}|l^*-l|=&\Bigg|\sum_{k_1=0}^{i-2}(c_{k_1}^{l^*}-c_{k_1}^{l})2^{m-k_1-1}+\\&(c_{i-1}^{l^*}-c_{i-1}^{l})2^{m-i}+\sum_{k_2=i+1}^{m-1}(c_{k_2}^{l^*}-c_{k_2}^{l})2^{m-k_2-1}\Bigg|\\\geqslant&\left|2^{m-i}-(2^{m-i-1}-1)\right|\\=&2^{m-i-1}+1\end{aligned} \tag{A-7}$$

(2) 当 $c_{i-1}^{l}=c_{i-1}^{l^*}$, $c_i^l=\overline{c_i^{l^*}}$ 时，如果存在 $k_1\in\{0,1,\cdots,i-2\}$ 使得 $c_{k_1}^{l}\neq c_{k_1}^{l^*}$，那么有

$$\begin{aligned}|l^*-l|=&\left|\sum_{k_1=0}^{i-2}(c_{k_1}^{l^*}-c_{k_1}^{l})2^{m-k_1-1}+\sum_{k_2=i}^{m-1}(c_{k_2}^{l^*}-c_{k_2}^{l})2^{m-k_2-1}\right|\\\geqslant&\left|\left|\sum_{k_1=0}^{i-2}(c_{k_1}^{l^*}-c_{k_1}^{l})2^{m-k_1-1}\right|-\left|\sum_{k_2=i}^{m-1}(c_{k_2}^{l^*}-c_{k_2}^{l})2^{m-k_2-1}\right|\right|\\\geqslant&\left|2^{m-i+1}-(2^{m-i}-1)\right|\\=&2^{m-i}+1\end{aligned} \tag{A-8}$$

另一方面，如果 $c_{k_1}^{l}=c_{k_1}^{l^*}$, $0\leqslant j_1\leqslant i-2$，有

$$\begin{aligned}|l^*-l|=&\left|(c_i^{l^*}-\overline{c_i^{l^*}})2^{m-i-1}+\sum_{k_2=i+1}^{m-1}(c_{k_2}^{l^*}-c_{k_2}^{l})2^{m-k_2-1}\right|\\=&2^{m-i-1}-(-1)^{c_i^{l^*}}\sum_{k_2=i+1}^{m-1}c_{k_2}^{l^*}2^{m-k_2-1}+\end{aligned}$$

$$(-1)^{c_i^{l^*}} \sum_{k_2=i+1}^{m-1} c_{k_2}^{l} 2^{m-k_2-1} \tag{A-9}$$

显然，式 (A-9) 中的最小值要小于式 2^{m-i-1}，因此也小于式 (A-7) 和式 (A-8) 中的下界。由于式 (A-9) 中的前两项是固定的，最小化 $\left|l^*-l\right|$ 等价于最小化 $(-1)^{c_i^{l^*}} \sum\limits_{k_2=i+1}^{m-1} c_{k_2}^{l} 2^{m-k_2-1}$，有 $c_k^{l_i^*}=c_i^{l^*}$，$i+1 \leqslant k \leqslant m-1$，且

$$\begin{aligned} l_i^* &= \sum_{k_1=0}^{i-2} c_{k_1}^{l^*} 2^{m-k_1-1} + \overline{c_i^{l^*}} 2^{m-i-1} + \sum_{k_2=i+1}^{m-1} c_i^{l^*} 2^{m-k_2-1} \\ &= 2^{m-i-1} - c_i^{l^*} + \sum_{k=0}^{i-1} c_k^{l^*} 2^{m-k-1} \end{aligned} \tag{A-10}$$

因此，l_i^* 是式 (A-3) 的唯一解，$\forall l \in \mathcal{K}_i^{(\overline{b_i^*})} \backslash \{l_i^*\}$，有 $|l^*-l| \geqslant |l^*-l_i^*|+1$，且

$$\left|S^*-S_l\right| \geqslant \left|S^*-S_{l_i^*}\right|+\delta \tag{A-11}$$

由于 S^* 是距离 R 最近的星座点，对于 $R \in \left[-2^{m-1}|H|\delta,\ 2^{m-1}|H|\delta\right]$，有

$$\left|R-HS^*\right| \leqslant |H|\delta/2 \tag{A-12}$$

此时，对于 $l \in \mathcal{K}_i^{(\overline{b_i^*})} \backslash \{l_i^*\}$，有

$$\begin{aligned} \left|R-HS_l\right| \geqslant& \left|H\left(S^*-S_l\right)\right| - \left|R-HS^*\right| \\ \geqslant& |H|\left(\left|S^*-S_{l_i^*}\right|+\delta\right) - |H|\delta/2 \\ \geqslant& \left|H\left(S^*-S_{l_i^*}\right)\right| + \left|R-HS^*\right| \\ \geqslant& \left|R-HS_{l_i^*}\right| \end{aligned} \tag{A-13}$$

当 R 在区间 $\left[-2^{m-1}|H|\delta,\ 2^{m-1}|H|\delta\right]$ 以外时，不等式显然也成立。因此，$S_{l_i^*}$ 不仅是 $\mathcal{S}_i^{(\overline{b_i^*})}$ 中到星座点 S^* 最近的星座点，也是距离 R 最近的星座点。 □

附录 B　不等式 (6-11) 的证明

证明　根据式 (6-10)，$\phi(x,y)$ 可以写为 $\phi(x,y)=\min\left\{\left|\varphi_x-\varphi_y\right|,2\pi-\left|\varphi_x-\varphi_y\right|\right\}$。证明根据 $\left|\varphi_x-\varphi_y\right|$ 和 $\left|\varphi_y-\varphi_z\right|$ 的取值分为三部分。

(1) 若 $|\varphi_x-\varphi_y|\leqslant\pi$ 且 $|\varphi_y-\varphi_z|\leqslant\pi$，有

$$\phi(x,y)+\phi(y,z)=|\varphi_x-\varphi_y|+|\varphi_y-\varphi_z|\geqslant|\varphi_x-\varphi_z|\geqslant\phi(x,z) \tag{B-1}$$

(2) 若 $|\varphi_x-\varphi_y|>\pi$ 且 $|\varphi_y-\varphi_z|\leqslant\pi$ 或者 $|\varphi_x-\varphi_y|\leqslant\pi$ 且 $|\varphi_y-\varphi_z|>\pi$，不失一般性地，设 $|\varphi_x-\varphi_y|>\pi$ 且 $|\varphi_y-\varphi_z|\leqslant\pi$，有

$$\phi(x,y)+\phi(y,z)=2\pi-|\varphi_x-\varphi_y|+|\varphi_y-\varphi_z|\geqslant2\pi-|\varphi_x-\varphi_z|\geqslant\phi(x,z) \tag{B-2}$$

(3) 若 $|\varphi_x-\varphi_y|>\pi$ 且 $|\varphi_y-\varphi_z|>\pi$，不失一般性地，设 $\varphi_x\geqslant\varphi_z$。由于 φ_x，φ_y 和 φ_z 都在区间 [0, 2π] 内，有 $\varphi_x\geqslant\varphi_z>\varphi_y+\pi$ 或 $\varphi_z\leqslant\varphi_x<\varphi_y-\pi$。如果 $\varphi_x\geqslant\varphi_z>\varphi_y+\pi$，有

$$|\varphi_x-\varphi_y|+|\varphi_y-\varphi_z|+|\varphi_x-\varphi_z|=2\varphi_x-2\varphi_y<4\pi \tag{B-3}$$

如果 $\varphi_z\leqslant\varphi_x<\varphi_y-\pi$，有

$$|\varphi_x-\varphi_y|+|\varphi_y-\varphi_z|+|\varphi_x-\varphi_z|=2\varphi_y-2\varphi_z<4\pi \tag{B-4}$$

在两种情况下都有

$$\begin{aligned}\phi(x,y)+\phi(y,z)=2\pi-|\varphi_x-\varphi_y|+2\pi-|\varphi_y-\varphi_z|>\\|\varphi_x-\varphi_z|\geqslant\phi(x,z)\end{aligned} \tag{B-5}$$

□

附录 C　引理 6.3 的证明

证明　$\mathcal{S}_i^{(\overline{b_i^*})}$ 和 $S_{l_i^*}$ 的定义同式 (A-1) 和式 (A-2)。注意到

$$\begin{aligned}\left|S^*-S\right|^2 &= \left|\sqrt{E_s}\exp\left(\mathrm{j}\varphi_{S^*}\right)-\sqrt{E_s}\exp\left(\mathrm{j}\varphi_S\right)\right|^2\\ &= 2E_s-2E_s\cos\left(\phi(S^*,S)\right)\end{aligned} \tag{C-1}$$

有

$$l_i^* = \arg\min_{l\in\mathcal{K}_i^{(\overline{b_i^*})}} \phi(S_{l^*},S_l) \tag{C-2}$$

与引理 6.2 的证明类似，可以得到式 (6-13) 中的唯一解 l_i^*，这意味着 $\forall l\in\mathcal{K}_i^{(\overline{b_i^*})}\backslash\{l_i^*\}$，有

$$\phi\left(S_l,S^*\right)\geqslant\phi\left(S^*,S_{l_i^*}\right)+2\pi/2^m \tag{C-3}$$

由于 S^* 是距离 R 最近的星座点，因此

$$\phi\left(S^*,R\right)\leqslant\pi/2^m \tag{C-4}$$

根据式 (6-9)，式 (6-11)，式 (C-3) 和式 (C-4)，有 $\forall l\in\mathcal{K}_i^{(\overline{b_i^*})}\backslash\{l_i^*\}$，

$$\begin{aligned}\phi\left(S_l,R\right)&\geqslant\phi\left(S^*,S_l\right)-\phi\left(S^*,R\right)\\&\geqslant\phi\left(S^*,S_{l_i^*}\right)+2\pi/2^m-\pi/2^m\\&\geqslant\phi\left(S^*,S_{l_i^*}\right)+\phi\left(S^*,R\right)\geqslant\phi\left(S_{l_i^*},R\right)\end{aligned} \tag{C-5}$$

而且

$$\left|R-HS_k\right|\geqslant\left|R-HS_{l_i^*}\right| \tag{C-6}$$

所以 $S_{l_i^*}$ 不仅是集合 $\mathcal{S}_i^{(\overline{b_i^*})}$ 中距离 S^* 最近的星座点，也是距离 R 最近的星座点。　□

在学期间发表的学术论文与研究成果

发表的学术论文

[1] **Wang Q**, Wang Z, Dai L, Quan J. Dimmable visible light communications based on multi-layer ACO-OFDM[J]. IEEE Photonics Journal, 2016, 8(3): 7905011.

[2] **Wang Q**, Wang Z, Guo X, Dai L. Improved receiver design for layered ACO-OFDM in optical wireless communications[J]. IEEE Photonics Technology Letters, 2016, 28(3): 319–322.

[3] **Wang Q**, Qian C, Guo X, Wang Z, Cunningham D G, White I H. Layered ACO-OFDM for intensity-modulated direct-detection optical wireless transmission[J]. Optics Express, 2015, 23(9): 12382–12393.

[4] **Wang Q**, Wang Z, Dai L. Multiuser MIMO-OFDM for visible light communications[J]. IEEE Photonics Journal, 2015, 7(6): 7904911.

[5] **Wang Q**, Wang Z, Dai L. Asymmetrical hybrid optical OFDM for visible light communications with dimming control[J]. IEEE Photonics Technology Letters, 2015, 27(9): 974–977.

[6] **Wang Q**, Wang Z, Dai L. Iterative receiver for hybrid asymmetrically clipped optical OFDM[J]. IEEE/OSA Journal of Lightwave Technology, 2014, 32(22): 4471–4477.

[7] Wang Z, **Wang Q**, Chen S, Hanzo L. An adaptive scaling and biasing scheme for OFDM-based visible light communication systems[J]. Optics Express, 2014, 22(10): 12707–12715.

[8] **Wang Q**, Xie Q, Wang Z, Chen S, Hanzo L. A universal low-complexity symbol-to-bit soft demapper[J]. IEEE Transactions on Vehicular Technology,

2014, 63(1): 119–130.

[9] **Wang Q**, Wang Z, Chen S, Hanzo L. Enhancing the decoding performance of optical wireless communication systems using receiver-side predistortion[J]. Optics Express, 2013, 21(25): 30295–30395.

[10] **Wang Q**, Wang Z, Qian C, Quan J, Dai L. Multi-user MIMO-OFDM for indoor visible light communication systems[C]. Proceedings of IEEE Global Conference on Signal and Information Processing (GlobalSIP), Orlando, USA, 2015: 1170–1174.

[11] **Wang Q**, Wang Z, Quan J. Coded modulation with APSK for OFDM-based visible light communications[C]. Proceedings of Asia Communications and Photonics Conference (ACP), Hong Kong, 2015.

[12] **王琪**, 谢求亮, 王昭诚. 定码长多码率 QC-LDPC 码的构造[J]. 清华大学学报（自然科学版）, 2013, 53(3): 394–398.

[13] Guo X, **Wang Q**, Zhou L, Fang L, Wonfor A, Penty R V, White I H. High speed OFDM-CDMA optical access network[J]. Optics Letters, 2016, 41(8): 1809–1812.

[14] Guo X, **Wang Q**, Li X, Zhou L, Fang L, Wonfor A, Wei J L, Lindeiner J V, Penty R V, White I H. First demonstration of OFDM ECDMA for low cost optical access networks[J]. Optics Letters, 2015, 40(10): 2353–2356.

[15] Tan J, **Wang Q**, Qian C, Wang Z, Chen S, Hanzo L. A reduced-complexity demapping algorithm for BICM-ID systems[J]. IEEE Transactions on Vehicular Technology, 2015, 64(9): 4350–4356.

[16] Jiang R, **Wang Q**, Wang F, Dai L, Wang Z. An optimal scaling scheme for DCO-OFDM based visible light communications[J]. Optics Communications, 2015, 356: 136–140.

[17] Tan J, **Wang Q**, Wang Z. Modified PTS-based PAPR reduction for ACO-OFDM in visible light communications[J]. Science China Information Sciences, 2015, 58(12): 129301.

[18] Tan J, Wang Z, **Wang Q**, Dai L. BICM-ID scheme for clipped DCO-OFDM in visible light communications[J]. Optics Express, 2016, 24(5): 4573–4581.

[19] Tan J, Wang Z, **Wang Q**, Dai L. Near-optimal low-complexity sequence detection for clipped DCO-OFDM[J]. IEEE Photonics Technology Letters, 2016, 28(3): 233–236.

[20] Mao T, Wang Z, **Wang Q**, Dai L. Ellipse-based DCO-OFDM for visible light

communications[J]. Optics Communications, 2016, 360: 1–6.

[21] Jiang R, Wang Z, **Wang Q**, Dai L. A tight upper bound on the channel capacity for visible light communications[J]. IEEE Communications Letters, 2016, 20(1): 97–100.

[22] Zhao P, Wang Z, **Wang Q**. Construction of multiple-rate QC-LDPC codes using hierarchical row-splitting[J]. IEEE Communications Letters, 2016, 20(6): 1068–1071.

[23] Zhu X, Wang Z, Dai L, **Wang Q**. Adaptive hybrid precoding for multiuser massive MIMO[J]. IEEE Communications Letters, 2016, 20(4):776–779.

[24] Mao T, Qian C, **Wang Q**, Quan J, Wang Z, PM-DCO-OFDM for PAPR reduction in visible light communications[C]. Proceedings of Opto-Electronics and Communications Conference (OECC), Shanghai, China, 2015: 1–3.

[25] 王昭诚, 谈健冬, **王琪**. 低复杂度 QAM 解映射模块的实现[J]. 清华大学学报（自然科学版）, 2013, 53(11): 1574–1578.

研究成果

[1] 王昭诚, 钱辰, **王琪**. 基于迭代检测的低复杂度并行干扰消除方法及系统: 中国, CN103188003B[P]. 2015-12-02.

致　谢

衷心感谢导师王昭诚教授在科研工作中对我的精心指导以及在生活等方面给予我的无微不至的关怀。王教授渊博的学识、严谨的治学态度、独到的科学见解和敏锐的学术洞察力，使我在博士课题研究中受到了极大的启发和帮助。同时，王教授的工作方法和生活态度也潜移默化地影响着我，王教授的言传身教使我受益终身。

衷心感谢在英国剑桥大学交流学习期间 Ian White 教授在科研上给予我的指导和帮助，同时感谢郭旭涵博士、David Cunningham 博士、李欣、Adrian Wonfor、孙孟晨、胡罗克、孙洪波、吴峙佑和丁民生等在学习和生活上给予我的帮助。

衷心感谢英国南安普顿大学的 Lajos Hanzo 教授和 Sheng Chen 教授在研究工作和论文写作期间对我的指导与帮助。

衷心感谢雷伟龙老师在硬件开发工作中给我的指导和帮助，雷老师在工程方面丰富的经验使我在开发硬件时少走了很多弯路，帮助我解决了很多难题。

此外，实验室的戴凌龙老师、潘振兴老师、钱辰博士、王芳博士、谢求亮博士、章嘉懿博士、杨阳博士等，以及谈健冬、蒋锐、毛天奇、竺旭东、赵培尧、刘文东、陈家璇、白若文、周郑颐和韩培博等多位同学，在工作和生活中对我也有过各方面的帮助和支持，在此一并感谢。

最后，衷心感谢父母及家人在我多年求学道路上始终如一的支持和鼓励。